农业科研机构
人力资源管理研究

师雪茹　陈　刚　编著

中国农业科学技术出版社

图书在版编目（CIP）数据

农业科研机构人力资源管理研究／师雪茹，陈刚编著．—北京：中国农业科学技术出版社，2015.4

ISBN 978－7－5116－2020－0

Ⅰ.①农…　Ⅱ.①师…②陈…　Ⅲ.①农业科学－研究机构－人力资源管理－研究　Ⅳ.①S－24

中国版本图书馆 CIP 数据核字（2015）第 048052 号

责任编辑　姚　欢
责任校对　贾晓红

出 版 者　中国农业科学技术出版社
北京市中关村南大街 12 号　邮编：100081
电　　话　(010)82106636(编辑室)　(010)82109702(发行部)
(010)82109709(读者服务部)
传　　真　(010)82106650
网　　址　http://www.castp.cn
经 销 者　各地新华书店
印 刷 者　北京富泰印刷有限责任公司
开　　本　850mm×1 168mm　1/32
印　　张　5.25
字　　数　130 千字
版　　次　2015 年 4 月第一版　2015 年 4 月第一次印刷
定　　价　25.00 元

作者简介

师雪茹，女，1977 年 1 月生，汉族，毕业于华南热带农业大学，硕士，现就职于中国热带农业科学院环境与植物保护研究所，主要从事人力资源管理与行政管理工作。主持或参与中央级科研单位基本科研业务费专项 4 项，发表管理类学术论文 17 篇，其中，以第一作者发表论文 11 篇。

陈　刚，男，1981 年 9 月生，汉族，毕业于华南热带农业大学，农业经济管理学硕士，现就职于中国热带农业科学院办公室，主要从事行政管理和农业经济管理研究，主持基本科研业务费专项 4 项、参与研究 8 项，发表管理类研究论文 24 篇。

内容摘要

用好人力资源，充分发挥各类人才在农业科研机构改革发展中的作用，才能提升农业科研机构的综合实力和核心竞争力，为不断增强科技创新能力提供坚强的人才保障。

本书综合运用系统分析、比较分析、实证分析相结合的研究方法，运用组织行为学、人力资源管理等理论，深入浅出地进行了一些概念的界定、理论的阐述，并通过大量实例详细说明了如何用好农业科研机构的人力资源。

本书共分5章：第一章为农业科研机构人力资源管理研究的背景和意义；第二章为农业科研机构人力资源管理相关理论和含义，主要对一些概念进行界定，并提出了农业科研机构人力资源管理中相关的制度要求，以及本书着重阐述的人力资源管理形式；第三章为农业科研机构的职能人力资源管理，主要根据职能层的六大模块，结合农业科研机构的特点，分别从岗位设置与管理、岗位培训体系、绩效考核与绩效管理体系和薪酬管理等方面做了具体阐述，同时结合农业科研机构的实际情况，在理论学习的基础上，制定适合农业科研机构的具体管理办法或方案，并逐节进行理论说明和案例分析；第四章为农业科研机构的素质人力资源管理，主要结合农业科研机构的特点，根据人力资源学有关理论基础，分别从农业科研机构如何防范人才流失、提升领导者非权力性影响力（素质）和规划“三类”人才队伍建设等方面进行了阐述；第五章是案例分析，分别阐述了海南省农业科研机构人才队伍建设和中国热带农业科学院离退休人员人力资源利用。

前　言

中央“一号文件”俨然已经成为中共中央重视农村问题的专有名词。国家如此重视“三农”问题，给农业科研机构带来了发展契机，也压下了沉甸甸的担子。面对我国农业发展中资源短缺、生态退化和环境污染的现状，要确保粮食供给，保证食物安全，防御外来生物入侵，保护生态环境，实现农业的可持续发展，必须依靠科技。

科技创新、人才先行。农业科研机构是我国农业科研的主力军，是农业科技人才资源的主要聚集地。而目前我国农业人才储备明显不足，高层次人才缺乏，尤其缺少在科研方面的领军人物和学科带头人；缺乏高水平的创新团队和促进团队形成和发挥作用的有效机制；缺乏高水平的专业管理人才队伍；缺乏骨干农业科技推广人才；缺乏复合型农业人才等，以上因素已制约了我国农业科研机构的人才队伍建设和发展，成为发展瓶颈。

要改变以上局面，缩短与发达国家之间的差距，就要科学制定农业科研机构的人力资源管理办法，为科技发展提供强有力的智力支持。本书综合运用系统分析、比较分析、实证分析等研究方法，运用组织行为学、人力资源管理等理论，从农业科研机构的岗位设置、岗位培训、绩效管理、薪酬管理、人才流失风险管理、领导科学和三类人才队伍规划等方面进行了阐述；同时，分别介绍了海南省农业科研机构人才队伍建设和中国热带农业科学院离退休人员人力资源管理利用实证案例分析的研究成果。

本书是在中国热带农业科学院中央级公益性科研院所基本科

研业务费专项“非营利性研究所岗位设置与绩效考核的研究”（项目编号：NO. 2008hzs1J026）、“关于我所海口转移管理服务效能研究”（项目编号：NO. 2011hzs1J008）、“创建一流研究所的路径设计与体制机制探索”（项目编号：NO. 2012hzs1J014）、“热科院综合业务管理系统建设与完善”（项目编号：1630012015006）等研究成果基础上完成的。参考了大量的文献资料，在此，向各位前辈致以崇高的敬意！

书中存在的缺点和不足在所难免，敬请各位读者提出宝贵意见。

编　者

2015 年 1 月

目　录

第一章　农业科研机构人力资源管理研究的背景和意义

一、研究背景

“三农”（农业、农村、农民）问题是现今农业和农村工作的首要问题。中共中央在 1982—1986 年连续 5 年发布以农业、农村和农民为主题的中央“一号文件”，对农村改革和农业发展作出具体部署。2004—2014 年又连续 11 年发布以“三农”为主题的中央“一号文件”，强调了“三农”问题在中国的社会主义现代化建设时期“重中之重”的地位。中央“一号文件”俨然已经成为中共中央重视农村问题的专有名词。“三农”问题的解决亟须依靠科技的发展，而科技的载体是农业科研机构的各类人才，尤其以科技人才为主，这就要加强对农业科研机构人力资源管理和利用的研究。

二、研究意义

人才是我国经济社会发展的第一资源，我国 2010 年人才对经济增长的贡献率达到 26.6%，发达国家一般为 40% ~60%。农业科研机构的各类人才，包括了农业科技人才（即科研、推广人才和实用技术人才）与农业管理人才。用好人才，充分发挥各类人才在农业科研机构改革发展中的作用，有利于大力提升农业科研机构的综合实力和核心竞争力，为不断增强科技创新能力提供坚强的人才保障。

第二章　农业科研机构人力资源管理相关理论和含义

一、人事管理与人力资源管理区别与联系

人事管理，即人事工作，是组织活动中最早发展起来的管理职能之一，主要指组织获取所需要的人员，并对已有的组织成员进行合理调配、安排的活动。人事管理的任务是要协调人与人的关系、组织成员与组织目标的关系，创造有益于组织也有益于组织成员个人的环境，使管理系统的目标与组织成员个人的目标结合起来，充分调动起全体组织成员的积极性。

人力资源，是指一个管理系统能够拥有和已经拥有的具有一定的体质、智力、知识和技能的人员，是一个管理系统中的人的因素的总和，包括管理者和被管理者。人力资源管理的主要目的在于科学、合理地使用人才，充分发挥人的作用，推动社会和组织的迅速发展。

（一）传统人事管理和人力资源管理的相同点

（1）管理的对象相同——人。

（2）某些管理内容相同，如薪酬、编制、调配、劳动安全等。

（3）某些管理方法相同，如制度、纪律、培训等。

（二）传统人事管理与人力资源管理的不同点

人事管理可以说是人力资源管理的前身，或者说是人力资源管理的基础阶段，只有将人事管理做好了，才能进入人力资源的

管理。就如同我们划分社会主义初级阶段一样。那以什么作为标志才能表明我们已经进入了人力资源管理阶段呢，这就不得不来说一说人事管理与人力资源管理的区别。如表 2－1 所示。

表 2－1　传统人事管理与人力资源管理的区别

传统人事管理	人力资源管理
重在管理	重在开发
以事为主	以人为本
人是管理对象	人是开发主体
重视硬管理	重视软管理
为组织创造财富	为组织创造财富的同时发展个人
采用单一、规范的管理	重视个性化管理
报酬与资历、级别相关度大	报酬与业绩、能力相关度大
软报酬主要表现为表扬和精神激励	软报酬包含发展空间、自我实现、和谐融洽的人际关系等
晋升重资历	竞争上岗，能者上
职业发展方向是纵向的	全方位和多元化的职业发展
重视服从命令、听指挥	重视沟通、协调、理解
培训主要为了组织的需要	培训是对员工的关心，是员工的福利，是为了增加员工的人力资本
金字塔式的管理模式	网络化、扁平化管理模式

参考：廖泉文. 人力资源管理. 北京：高等教育出版社，2003：14－15

二、人力资源管理的相关概念

（一）人力资源的概念

人力资源（Human Resources，简称 HR）指在一个国家或地区中，处于劳动年龄、未到劳动年龄和超过劳动年龄但具有劳动能力的人口之和。或者表述为：一个国家或地区的总人口中减去丧失劳动能力的人口之后的人口。人力资源也指一定时期内组织中的人所拥有的能够被企业所用，且对价值创造起贡献作用的教育、能力、技能、经验、体力等的总称。狭义讲就是企事业单位独立的经营团体所需人员具备的能力（资源）。

（二）人力资源管理的概念

人力资源管理，是指在经济学与人本思想指导下，通过招聘、甄选、培训、报酬等管理形式对组织内外相关人力资源进行有效运用，满足组织当前及未来发展的需要，保证组织目标实现与成员发展的最大化的一系列活动的总称。就是预测组织人力资源需求并作出人力需求计划、招聘选择人员并进行有效组织、考核绩效支付报酬并进行有效激励、结合组织与个人需要进行有效开发以便实现最优组织绩效的全过程。学术界一般把人力资源管理分八大模块或者六大模块：①工作分析；②招聘与配置；③培训与开发；④绩效管理；⑤薪酬与福利管理；⑥劳动关系管理。

三、基于层次的人力资源管理体系

按照组织结构中不同层级在人力资源管理中的不同职能，结合组织人力资源管理实践应用等问题，人力资源管理的内容体系概况为基于层级的内容体系结构。这一体系结构主要包括 3 个层次：战略人力资源管理、职能人力资源管理、素质人力资源管理。3 个层次相互联系、相互支撑、密切联系，构成了一个完整的内容体系结构。基于层次的人力资源体系机构，如表 2－2 所示。

表 2－2　3 个层次的人力资源管理内容体系

层次	人力资源管理主要内容	目标
战略层	人力资源战略与规划	组织目标
职能层	1. 工作分析 2. 招聘与配置 3. 培训管理 4. 绩效管理 5. 薪酬与福利管理 6. 劳动关系管理	部门目标
素质层	员工素质管理与职业生涯规划	个人目标

（一）战略人力资源管理

战略人力资源管理处于组织的最高层次，为宏观层次，实施主体是组织高层管理者，主要工作是以宏观、整体、全局和长远的观点进行组织人力资源管理战略思考，制定组织人力资源管理规划，确定组织人力资源管理战略目标，对组织人力资源进行整体管理。

主要内容包括：①从更宏观的视角分析判断组织环境、机遇和威胁，制定适合组织发展的人力资源管理的战略目标和发展方向；②从宏观层次为组织人力资源管理和发展进行整体和全局性的规划，并制定相应的人力资源管理决策；③为各部门确定不同阶段的工作规格要求和工作目标分解；④确定人力资源管理的具体内容、模式和策略。

（二）职能人力资源管理

职能人力资源管理处于组织的中间层次，为中观层次，实施主体是组织的各个职能部门，其工作重点主要是组织实施人力资源管理并持续完善人力资源管理职能。其主要内容包括六大模块：①工作分析；②招聘与配置；③培训与开发；④绩效管理；⑤薪酬与福利管理；⑥劳动关系管理。

职能人力资源管理影响组织人力资源管理的执行力和实际效率，从中观层次为人力资源管理各业务部门服务，为其在组织运营过程中确定其应该完成的日常工作，确定具体的工作内容。

（三）素质人力资源管理

素质人力资源管理位于组织最基层，为微观层次，实施主体包括职能部门与员工个体（包括领导和员工），其工作重点是执行各项人力资源管理的具体工作，完成各部门安排的各项具体任务，在本职工作中发挥自身特长和素质特点，培养对本职工作的胜任能力，并制定职业生涯规划，持续地完善和提高自己的核心能力。其主要内容包括：素质与胜任力、职业生涯规划。

四、农业科研机构人力资源管理的含义

（一）农业科研机构的概念

农业科研机构是指在市场经济条件下，以社会效益为主的科学研究和基础性技术等，向全社会提供关系国计民生和社会可持续发展的基础产品的政府协调战略性组织。农业科研机构是一种典型的公益性科研机构。农业科研机构的科研管理首先具有服务社会、非营利的特征。

（二）农业科研机构的类型

从科研机构的属性上看，可分为非营利性科研机构、营利性科研机构和农业事业单位。非营利性科研机构指主要从事动植物种质资源、重要动植物育种、遗传规律、病虫害灾变规律，高产优质高效农业综合技术，农业高技术等重大应用基础研究、高技术研究、重要基础性、公益性工作的科研机构；营利性科研机构指面向市场具备研究开发优势，并有自我发展能力或具备产业开发实力，主要从事种子、种苗、肥料、农药、饲料、兽药、农产品加工等技术开发类科研机构；农业事业单位指主要从事科技成果转化、技术咨询、质量监测、专业培训等社会化服务类研究机构。

从科研机构隶属关系上看，农业部所属“三院”（中国农业科学院、中国水产科学研究院、中国热带农业科学院）的研究所，分布在全国20多个省区市；省级农科院大部分属于省政府管理，省级农业部门还管理一部分科研院所；地市级农科所大部分归地市政府管理（个别归省农科院管理）。

（三）农业科研机构人力资源管理的含义

农业科研机构人力资源管理指运用现代的科学方法，针对农业科研机构的发展战略要求，有计划地对人力资源进行合理的培训、组织和调配，同时对人的思想、心理和行为进行恰当的诱

导、控制和协调，使得人尽其才、事得其人、人事相宜，以实现科学地对人力进行系统化管理的一系列活动，主要包括岗位设置、招聘、培训教育、绩效管理、选用配置、激励保障组织调控等基本管理形式，最终达到实现农业科研机构战略发展目标的一种管理行为。

五、农业科研机构人力资源管理主要内容

（一）从单位日常人事业务工作来看

根据人力资源管理的基本环节，针对农业科研机构的特殊性（①不完全市场化，受政府政策影响较大，即公益性、非营利性，某些制度与机制的制定是不能随意变通的；②高级人才较多，激励机制有所偏重），从单位日常人事业务工作来看，农业科研机构人力资源管理主要内容如下。

1. 人力资源开发规划

人力资源开发规划是指从宏观战略的角度出发去探索和掌握人才系统的发展运动规律，并指导未来时期的单位人力资源活动，以确保人事工作有序、正常、协调发展。在各农业科研机构，主要是指人才发展规划，一般每5年制定一次，内容一般包括：发展基础、发展形式、发展目标、人才发展重点任务、重大工程，以及保障措施。

2. 岗位设置

按照农业科研机构事业单位岗位设置的有关要求，结合单位实际情况，在核定岗位总量、机构比例和最高等级限额内，制定岗位设置方案，按程序通过审核后，组织实施，做到按需设岗、竞聘上岗。

3. 人才引进

加强人才引进，坚持引培结合、以培为主的方式优化人才队伍结构。一是充分依托社会智力资源，实施高级专家咨询制和特

聘研究员制，发挥高级专家在重大项目策划、重大成果培育、创新团队构建和人才培养中的作用。二是充分发挥国际合作基地吸引和培养人才的作用，通过采取互派科研骨干或聘请客座研究员的形式，吸引国（境）外高水平的专家来开展合作研究和学术交流。三是采取团队引进、核心人才带动引进、高新技术项目开发引进等方式，积极引进留学和海外高层次人才。

4. 培训教育

培训教育是加强人力资源能力建设的重要手段。培训教育要坚持学习与实践相结合、培养与使用相结合，促使参训人员在实践中不断增长知识，提升能力。单位要保障培训经费投入，并鼓励职工通过多种形式和渠道参与终身学习。针对科研人员，要充分利用国际和国内两种教育资源，建立学历提高、长期培训与短期培训相结合，访问交流与进修、合作相结合的多渠道、多层次、开放式的多种教育培养模式，以提高科技人员的学历层次、学习能力和创新能力；针对管理人员，要通过学历教育、业务培训、强化知识更新等途径，提高综合素质和业务水平；针对工勤技能人员，要通过学历教育和技能培训，提高学历层次和技能水平。

5. 人才评价

建立以业绩为依据，由品德、知识、能力等要素构成的各类人才评价指标体系。在农业科研机构，主要指职称评审制度，将来的发展趋势是打破专业技术职务终身制，推行专业技术职业资格制度，加快执业资格制度建设，建立健全资格考核、考核和同行评议相结合的专业技术人才评价方法。

6. 薪酬管理与绩效考核

建立健全与工作业绩紧密联系、鼓励人才创新的分配制度和激励机制。在农业科研机构，需结合事业单位体制改革和人事制度改革，逐步建立符合单位特点、体现岗位绩效和分级分类管理的事业单位薪酬制度，收入分配政策向关键岗位和优秀人才倾斜。

同时建立科学可操作的绩效考核制度，既要考虑团队与个体之间的关系，又要考虑聘期与年度之间的关系，做到考核反映业绩、指导奖惩；考核结果反过来发现哪些员工需进行有针对性的教育培训，通过目标培训能有效提高岗位人员的技能和素质，从而完成单位的绩效目标和战略任务。

（二）从人力资源管理3个层次来看

对应人力资源管理3个层次，农业科研机构人力资源管理主要内容有：

（1）对应战略人力资源管理：人才发展规划。

（2）对应职能人力资源管理：岗位设置、培训教育、绩效考核、薪酬管理、劳动关系管理。

（3）对应素质人力资源管理：素质管理、职业生涯规划。

六、3个层次的人力资源管理对应本书各章节情况

本书将从人力资源管理3个层次入手，对农业科研机构人力资源管理的内容进行详细说明。本书的特点是理论与案例相结合，案例充分考虑了农业科研机构的可操作性，在理论的基础上结合实际，以作参考。对应各章节内容见表2－3。

表2－3　3个层次的人力资源管理对应本书各章节情况

层次	实施主体	工作重点	人力资源管理主要内容	对应本书章节及内容	
战略层	组织高层	规划与决策	1. 总体管理 2. 人力资源战略与规划	战略人力资源管理	针对农业科研机构，即是做好人才发展规划，本书未提及

（续表）

层次	实施主体	工作重点	人力资源管理主要内容		对应本书章节及内容
职能层	职能部门	组织实施与持续改善	1. 工作分析 2. 招聘与配置	职能人力资源管理	第三章第一节：设立科学合理的岗位设置与管理方案
			3. 培训管理		第三章第二节：建立有效的岗位培训体系
			4. 绩效管理		第三章第三节：制定与规范绩效考核与绩效管理体系
			5. 薪酬与福利管理		第三章第四节：建立科学的薪酬管理办法
			6. 劳动关系管理		农业科研机构按国家规定实行全员聘用制，劳动关系管理按国家有关文件执行，本书不做过多阐述
素质层	职能部门与员工个体	执行，开发与持续提高	1. 员工素质管理 2. 职业生涯规划	素质人力资源管理	第四章：素质人力资源管理

第三章　农业科研机构的职能人力资源管理

职能层是人力资源管理3个层次的中观层次，其工作重点是组织实施人力资源管理并持续完善人力资源管理职能。其主要内容包括六大模块：①工作分析；②招聘与配置；③培训与开发；④绩效管理；⑤薪酬与福利管理；⑥劳动关系管理。本章根据“六大模块”，结合农业科研机构的特点，着重用4节来进行说明。分别是：

第一节《设立科学合理的岗位设置与管理方案》（对应模块第1、第2点）。

第二节《建立有效的岗位培训体系》（对应模块第3点）。

第三节《制定与规范绩效考核与绩效管理体系》（对应模块第4点）。

第四节《建立科学的薪酬管理办法》（对应模块第5点）。

因农业科研机构按国家规定实行全员聘用制，劳动关系管理按国家有关文件执行，所以，模块第6点本书不做阐述。

第一节　制定科学合理的岗位设置与管理方案

一、岗位设置与岗位管理的基本问题

（一）概念与基本含义

岗位设置是指在人员竞聘上岗之前，对“岗位”本身的基

本建设。它的内容包括岗位设置原则、岗位结构比例设计、岗位分析、岗位确定、制定岗位规范等内容。

岗位管理是指以围绕“岗位”为核心内容的一整套人力资源管理过程或流程，包括了在岗位设定的前提下，人员的聘用、培训等一系列管理过程或环节。

（二）农业科研机构进行岗位设置的原因

农业科研机构多为事业单位，国务院办公厅转发人事部《关于在事业单位试行人员聘用制度的意见》（国办发〔2002〕35 号），对事业单位岗位管理制度提出了明确要求。事业单位人事制度改革的实践也迫切要求制定岗位管理的政策规定，使岗位管理制度改革有据可依、有章可循。特别是事业单位收入分配制度的改革，对制定岗位设置管理规定提出了更加迫切的要求。具体来说有 3 个方面：①推行聘用制度的需要。科学设岗是推行聘用制度的前提和基础，推行聘用制度需要岗位管理方面的政策配套。②建立健全事业单位岗位管理制度的需要。岗位设置是岗位管理的重要环节，是顺利实施岗位管理，实现事业单位人员由身份管理向岗位管理转变的前提和基础。③事业单位收入分配制度改革的迫切需要。收入分配改革实行岗位绩效工资，将岗位作为确定工资的主要因素，这就迫切需要制定岗位设置管理规定，为实施收入分配制度改革提供依据和基础。

农业科研机构分为 3 类岗位：管理岗位、科研岗位和工勤岗位，每个岗位在设定时都按国家规定有一定的比例限制。

（三）农业科研机构岗位设置存在的问题与对策

1. 难以科学评估“因事设岗”

如何按照因事设岗的原则，根据工作任务和发展需要，科学合理的设计工作岗位，并在此基础上制订具体明确的岗位职责和任职条件，是岗位设置工作中出现的难点之一。若不制订出比较规范的、操作性强的工作程序，岗位设置工作必然会流于形式，必然会出现为有资历的人设置“照顾岗”，为有关系人设置“人情岗”，为喜闹事、惹不起的人设置“特殊岗”等等因人设岗现象。

2. 岗位设置管理配套政策难到位

以岗定人，依岗定资，是岗位设置管理的核心内容。但专业技术人员到工勤岗位工作，又没有工人技术等级，如何核定工资待遇无政策可依。

3. 管理岗位设置较为亏欠

因为专业技术岗位设置和工勤技能岗位设置只讲结构比例控制，而仅有管理岗位设置要根据其单位的规格、规模、隶属等因素进行设置，在各基层单位，绝大部分事业单位的管理岗位仅设置了少量的七八级岗位（五六级岗位在科研所基本是双肩挑），大部分职员只能入九级岗，由于改革前大部分管理人员工资套用专技系列，而改革后一旦必须竞管理岗且按岗定薪，这部分人的工资待遇势必降低且没有发展平台，难以激发工作积极性。

针对以上问题，农业科研机构进行岗位设置时可考虑：在初次岗位设置时可在梳理各岗位工作职责的基础上，考虑现有人员结构，逐步通过培训和转岗的方式来优化岗位结构；专业性较强的事业单位，应“弱化两头，强化中间”，即管理岗位和工勤岗位较少，专技岗位较多，至少要在80%以上，以体现客观性、专业性、实效性、可操作性；会计管理、工程管理、人事管理、档案管理等软科学管理岗位可考虑设置部分专业技术岗位，但岗位考核和绩效考核要有别于专门的科研技术岗位。

（四）岗位设置的基本原则与方法

1. 岗位设置的基本原则

根据管理学相关理论和国家有关文件规定，农业科研机构岗位设置要按照按需设岗、精简效能的原则来进行，坚持按需设岗、竞聘上岗、按岗聘用、合同管理。在具体设岗时应考虑以下几项具体原则。

(1) 因事设岗原则。岗位设定要与本单位的职能、任务、目标直接挂钩。

(2) 分类设岗原则。分类设岗是岗位管理要求的最基本原则，在进行岗位设置时要根据不同岗位的性质、任务和作用，依据单位职能、编制额度等因素，确定不同系列或类别的岗位，进行合理的比例划分，进而制定出不同的岗位管理办法。

(3) 岗位能级原则。能级，是指一个组织系统中各个岗位的功能等级，功能大的岗位在组织中所处等级就高，其能级就高。设岗时要根据我所的性质与发展定位，使各类能级岗位层次，高、中、初级岗位结构体现出层次性和合理性。

(4) 岗位系统原则。设置岗位时不能孤立的、局部的重视某一类别或子系统的岗位设置，不仅要强调向科研岗位倾斜，还要考虑到管理和辅助岗位的设置。

(5) 精简高效原则。确保组织机构的高效率和工作量的满负荷，工作量不要不足也不要过大，要求岗位职责的配置要实现最优化。

2. 岗位设置的基本方法

岗位设置的基本方法有 5 个步骤：岗位调查、岗位分析、岗位分类、岗位规范和岗位评价。

(五) 农业科研机构岗位设置管理制度的主要内容

1. 岗位类别设置管理

管理岗位的设置要立足于增强单位运转效能、提高工作效率、提升管理水平。专业技术岗位的设置要立足于社会公益事业的发展与专业要求，符合专业技术工作的规律和特点。工勤技能岗位的设置要立足于提高操作维护技能，提升服务水平，满足单位业务工作的实际需要。

2. 岗位等级设置管理

依据管理、专业技术和工勤技能岗位的岗位职责、任务和所需条件，分别划分为若干通用的岗位等级，然后依据岗位等级要求，进行评价考核，享受相应待遇。

3. 岗位结构比例设置管理

对不同类型的事业单位的管理岗位、专业技术岗位、工勤技能岗位实行不同的总量结构比例控制。

4. 岗位设置程序

一是制定岗位设置方案和岗位说明书；二是在核准的岗位总量、结构比例和最高等级限额内，制定岗位设置实施方案；三是广泛听取职工对岗位设置实施方案的意见，由领导班子集体讨论通过；四是报上级主管部门批准后组织实施。

二、设定岗位设置方案和岗位说明书（案例）

在了解了岗位设置原则和方法的基础上，我们就要进行实际操作，开始设定岗位设置方案和岗位说明书。这是农业科研机构人力资源管理最基础的部分，对应了人力资源管理“六大模块”的第一、二部分（工作分析、招聘与配置）。岗位设置方案和岗位说明书一定要细化、具有可操作性，并说明设置的依据。下面以农业部某单位为例介绍如何设定岗位设置方案，以及制定翔实操作性强的岗位说明书。

《××研究所岗位设置方案》

根据《农业部事业单位岗位设置管理试行办法》等有关政策规定，结合本单位的实际情况，制定本方案。

一、本所岗位设置的基础

（一）摸清状况，梳理职能

岗位设置是以本单位编制内现有人员为基础。本所认真摸清现有人员中的任职岗位、职称、职务、年龄、工龄、技术等级、工资级别等情况，并对其能力、知识、经验、水平以及岗位适应性作出基本判断。根据院所未来五年发展的需要以及“十三五”发展规划的要求，认真梳理了我所承担的职能，把每一项职能分解、细化为若干工作类别。

（二）着眼发展，分类设岗

本所是××科学院下属的从事××研究领域的国家级公益类科研机构，以院“十三五”发展规划及本所“十三五”科技发展规划中提出的在未来5年中所需承担的相关工作，以及本所的科研发展思路和定位为前提，本所着眼发展，分类设岗。为此，拟设立4个管理部门，即综合办、科技办、财务办和开发办；5个科技创新研究中心（15个课题组）。

二、单位基本情况

本所是全额财政补贴的正处级基础性科研单位，单位主要职能是：略。

现有编制人数为100人，其中：单位领导正职3名，副职3名。内设机构4个，名称分别是：综合办、科技办、开发办和财务办，内设机构领导正职3名，副职2名。

现有岗位和人员配备情况：实有人数73人（截至2014年12月31日），其中：管理人员14人，领导6人中有5人为双肩挑，除去双肩挑人员管理人员为9人（单位领导正职3人、副职3人；内设机构领导正职3人、副职1人；其他管理岗位4人）；专业技术人员总数62人（正高级5人，聘任5人；副高级8人，聘任8人；中级34人，聘任34人；初级15人，聘任15人）；工勤技能人员3人（中级工1人，普通工2人）。

三、拟设置岗位情况

本单位拟设置岗位总量100个，按管理岗、专业技术岗和工勤技能岗1.2：8：0.8的比例设置（根据国家有关规定，以科研为主的事业单位，3类岗位之间的结构比例划分原则是专业技术岗位不低于70%，工勤技能岗位不高于10%）：管理岗位12个，专业技术岗位80个，工勤技能岗位8个。主体岗位是专业技术岗位，占岗位总量的80%。

（一）管理岗位的名称、等级、数量

总数12个，占单位岗位总量的12%。其中：五级3个，六级3个，七级3，八级2个，九级6个。

（1）单位领导岗位6个（5个是双肩挑），按农业部核定职数执行。其中：五级职员3个，名称分别是所长、书记、名誉所长；六级职员3个，均为副所长。

（2）内设机构领导岗位5个，按××文件核定的职数执行。其中：七级职员3个，名称分别是综合办副主任（主持工作）、科技办副主任（主持工作）、财务办副主任（主持工作）；八级职员2个，名称分别是开发办副主任（主持工作）、综合办副主任。

（3）其他管理岗位6个。其中：九级职员6个。

（二）专业技术岗位等级、数量及结构比例

按照××文件中岗位等级及数量设置的要求，全院专业技术岗位高级、中级、初级岗位之间的比例按3∶3.7∶3.3（30%∶37%∶33%）设置。根据我所科研工作的实际情况，我所专业技术岗位高级、中级、初级岗位之间的比例设置为37.5%∶47.5%∶15%，即高级岗位30个，中级岗位38个，初级岗位12个。专业技术二级、三级、四级岗位按照1∶3∶6的比例设置；五级、六级、七级岗位按照2∶4∶4的比例；八级、九级、十级岗位按照3∶4∶3的比例设置；十一级、十二级岗位按照5∶5的比例设置。我所专业技术岗位拟设置情况如下。

（1）高级专业技术岗位30个，占专业技术岗位比例的37.5%。

①正高级岗位12个（现有5人，考虑科研发展的需要，以及近两年会有7人左右晋升正高职务，所以设置12个岗），占专业技术岗位比例15%。其中：二级岗位1个，占正高级岗位比

例 10%，三级岗位 4 个，占正高级岗位比例 30%，四级岗位 7 个，占正高级岗位比例 60%。②副高级岗位 18 个，占专业技术岗位比例 22.5%。其中：五级岗位 4 个，占副高级岗位比例 20%，六级岗位 7 个，占副高级岗位比例 40%，七级岗位 7 个，占副高级岗位比例 40%。

(2) 中级岗位 38 个，占专业技术岗位比例 47.5%。其中：八级岗位 11 个，占中级岗位比例 30%，九级岗位 16 个，占中级岗位比例 40%，十级岗位 11 个，占中级岗位比例 30%。

(3) 初级岗位 12 个，占专业技术岗位比例 15%。其中：十一级岗位 6 个，占初级岗位比例 50%，十二级岗位 5 个，占初级岗位比例 42%，十三级岗位 1 个，占初级岗位比例 8%。

(三) 工勤技能岗位等级、数量及结构比例

工勤技能岗位 8 个，占单位岗位总量的 8%。按照××文件中岗位等级及数量设置的要求，技术一、二、三级岗位的总量占工勤技能岗位总量的 25% 左右，首轮设岗时可按现聘技术等级为基础进行设岗。本所拟设工勤技能岗如下：技术工一级暂缺，技术工二级 1 个，一级、二级岗位总量占工勤技能岗位总量比例 12%；技术工三级 2 个，一级、二级、三级岗位总量占工勤技能岗位总量比例 37%；技术工四级 2 个，占工勤技能岗位总量比例 25%；技术工五级 1 个，普通工岗位 2 个。拟设岗位见附表 1。

附表 1　拟设岗位一览表

单位岗位总量	类别	管理岗位	专业技术岗位	工勤技能岗位
100	比例	12%	80%	8%
	数量	12	80	8

管理岗位	等级	一	二	三	四	五	六	七	八	九	十
	比例					17.6%	17.6%	17.6%	11.8%	35%	
	数量					3	3	3	2	6	

（续表）

<table>
<tr><td colspan="2">单位岗位总　　量</td><td colspan="3">类别</td><td colspan="4">管理岗位</td><td colspan="4">专业技术岗位</td><td colspan="2">工勤技能岗位</td></tr>
<tr><td colspan="2" rowspan="2">100</td><td colspan="3">比例</td><td colspan="4">12%</td><td colspan="4">80%</td><td colspan="2">8%</td></tr>
<tr><td colspan="3">数量</td><td colspan="4">12</td><td colspan="4">80</td><td colspan="2">8</td></tr>
<tr><td rowspan="6">专业技术岗位</td><td>层级</td><td colspan="7">高级</td><td colspan="3">中级</td><td colspan="3">初级</td></tr>
<tr><td>比例</td><td colspan="7">37.5%</td><td colspan="3">47.5%</td><td colspan="3">15%</td></tr>
<tr><td>数量</td><td colspan="7">30</td><td colspan="3">38</td><td colspan="3">12</td></tr>
<tr><td>等级</td><td>一</td><td>二</td><td>三</td><td>四</td><td>五</td><td>六</td><td>七</td><td>八</td><td>九</td><td>十</td><td>十一</td><td>十二</td><td>十三</td></tr>
<tr><td>比例</td><td></td><td>3%</td><td>13%</td><td>23%</td><td>13%</td><td>23%</td><td>23%</td><td>30%</td><td>40%</td><td>30%</td><td>50%</td><td>42%</td><td>8%</td></tr>
<tr><td>数量</td><td></td><td>1</td><td>4</td><td>7</td><td>4</td><td>7</td><td>7</td><td>11</td><td>16</td><td>11</td><td>6</td><td>5</td><td>1</td></tr>
<tr><td rowspan="4">工勤技能岗位</td><td rowspan="2">等级</td><td colspan="11">技术工</td><td colspan="2" rowspan="2">普工</td></tr>
<tr><td colspan="2">一</td><td colspan="3">二</td><td colspan="2">三</td><td colspan="2">四</td><td colspan="2">五</td></tr>
<tr><td>比例</td><td colspan="2"></td><td colspan="3">12.5%</td><td colspan="2">25%</td><td colspan="2">25%</td><td colspan="2">12.5%</td><td colspan="2">25%</td></tr>
<tr><td>数量</td><td colspan="2"></td><td colspan="3">1</td><td colspan="2">2</td><td colspan="2">2</td><td colspan="2">1</td><td colspan="2">2</td></tr>
</table>

注：五级管理岗有2个是双肩挑，六级管理岗有3个是双肩挑

《岗位说明书》

岗位说明书是一个单位组织的基本元素。通过科学的设计岗位和明确岗位职能，使单位的“决策层”——“管理层”——“操作层”按统一的思想明确岗位的工作使命和目标是什么。

一、岗位说明书的作用主要有以下6点。

1. 为招聘、录用员工提供依据。①确定岗位的任职条件；②岗位说明书将作为签订聘用合同的附件；③作为入职培训的教材。

2. 对员工进行目标管理。①岗位说明书是给员工下达目标的凭证；②依据岗位说明书可清晰设计目标。

3. 是岗位考核的基本依据。岗位说明书确定了岗位职责、职责范围和考核内容。

4. 为单位制定薪酬政策提供依据。事业单位工资制度改革的原则之一就是单位聘用制和岗位管理，而岗位说明书为岗位管理提供了依据，最终达到以岗定薪，岗变薪变。

5. 员工教育与培训的依据。根据岗位说明书的具体要求，对一些任职条件不足，但其他方面优秀、符合单位急需人才要求的员工进行教育和培训，提升他本身的素质，最后使其达到岗位说明书的任职要求。

6. 为员工晋升与开发提供依据。员工的晋升与开发，离不开人事考核。人事考核是以员工为对象，以岗位说明书的要求为考核依据，通过对员工德、能、勤、绩等方面的综合评价，判断他们是否称职，并以此作为任免、奖罚、报酬、培训的依据，促进“人适其位”。

二、专业技术岗位等级评定办法

在制定岗位说明书的过程中，如发现符合某个专业技术岗位任职条件的人数大于岗位设置数时，建议使用中国人事科学研究院罗双平研究员制定的专业技术岗位等级评定办法（见《事业单位岗位分析技术及应用》）。具体方法如下。

一、成立岗位等级评定委员会

评定委员会成员建议组成名单：单位领导、有关专家、组织人事处长组成。

二、明确岗位评定条件

1. 担任现专业技术职务年限

2. 兼任行政管理职务的年限

3. 担任现专业技术职务以来的主要工作业绩

①获得各种技术、科研、管理、服务等成果奖；

②各种论文、著作、技术、科研成果应用性成果；

③荣获各级组织的各种表彰（包括考核优秀等次）次数。

三、设计评定办法

1. 硬性条件分（硬性指标）

建议单位领导、中心主任、课题组长、科研人员代表共同协商具体指标与分值。

担任专业技术职务年限：×分/年；

兼任行政管理职务年限：×分/年；

荣获国家级科研成果奖：××分/项；

评为单位年度优秀等次：××分/次；

此外，还可以列出一些硬性指标。

2. 评委推荐分（软性指标）

评委会推荐分可采用评委无记名打分方法，计算出其推荐分值。

3. 分数计算

硬性条件分+评委会推荐分=100分。

4. 确定岗位等级人选

各类别按分值高低排队，根据岗位等级指标，确定各岗位等级的人选。

根据以上要点，制作××研究所岗位说明书，以作参考，详见附表2。

附表2　××研究所岗位说明书

单位名称：××研究所　　　　　　　　　　　　　　编号：

<table>
<tr><td>部门名称</td><td colspan="4">××研究中心</td></tr>
<tr><td>岗位名称</td><td>科研人员</td><td>隶属</td><td colspan="2">植物病理学学科体系</td></tr>
<tr><td>岗位类别</td><td colspan="2">专业技术</td><td>岗位等级</td><td>四级</td></tr>
<tr><td>职责任务</td><td colspan="4">1. 热爱农业科研事业，具有良好的科研道德，引领学科发展；
2. 熟悉本学科领域国际国内发展动态，能组织（承担）重大科研项目，领导（进行）创新性研究；
3. 组织（参与）重大科研项目设计、申报，组织（承担）实施；
4. 取得国家级/省部/地市院级的科研成果或专利，发表高水平的学术论文和学术著作，并产生一定的社会和经济效益；
5. 培养、指导研究生及初、中级人员，召开（参加）国际（全国）学术会议。</td></tr>
</table>

（续表）

<table>
<tr><td>部门名称</td><td colspan="4">××研究中心</td></tr>
<tr><td>岗位名称</td><td colspan="2">科研人员</td><td>隶属</td><td>植物病理学学科体系</td></tr>
<tr><td>岗位类别</td><td colspan="2">专业技术</td><td>岗位等级</td><td>四级</td></tr>
<tr><td>工作标准</td><td colspan="4">1. 掌握产业技术体系/学科研究/创新平台建设的现状和发展方向，领导本学科创新性研究；
2. 组织（参与）3项国家级/省部级科研项目的设计、申报，组织（承担）项目实施；
3. 主持（承担）1项国家级科研课题或2项省部级科研课题，或到所可支配非本所立项科研经费80万元；
4. 成果方面，具备以下①～②条中的1条，或具备③～⑩条中2条：
①获得省部级二等以上科技奖项一项以上，其中：Ⅰ. 本院为第一完成单位，获国家级一等奖限到院内排名前5完成人、二等奖前3完成人；获省部级一等奖限到院内排名前2完成人、二等奖第2完成人；Ⅱ. 我院不是第一完成单位，获国家级一等奖限到前4完成人、二等奖前1完成人；②以第一作者或通讯作者发表SCI/EI/ISTP收录论文3篇，或影响因子在5.0以上SCI论文1篇；③获得省部级三等以上科技奖项一项以上，其中：Ⅰ. 我院为第一完成单位，获国家级一等奖限到院内排名6～12完成人、二等奖4～6完成人；获省部级一等奖限到院内排名3～4完成人、二等奖2～3完成人；三等奖第1完成人；Ⅱ. 我院不是第一完成单位，获国家级一等奖限到4～8完成人、二等奖3～5完成人；④在学术类核心刊物上以第一作者或通讯作者发表论文12篇；⑤完成2项国家、省部级科研课题并通过鉴定、验收或结题（限前2完成人）；⑥获1项国家发明专利或2项实用新型专利（限前2完成人）；⑦获1个新产品中试或新品种审定（限前2完成人）；⑧完成发布国家标准或行业标准1个（限前2完成人）；⑨作为主编编写著作1部（不少于10万字），或作为副主编编写著作2部（不少于10万字）；⑩在科技创新、成果转化推广、技术应用及科技管理等方面做出贡献者，为所开发创收上缴利润8万元以上。
5. 培养、指导研究生和初、中级科技人员4人，召开（参加）国内外学术会议3次</td></tr>
<tr><td>任职条件</td><td colspan="4">1. 综合要求：遵纪守法，具有良好公民意识、职业道德和爱岗敬业等品行；身体健康；具有良好的职业道德与学风、敬业精神和合作意识。
2. 基本条件：大学以上学历，正高级职称，（熟练）掌握一门外语；××专业毕业，近5年年度考核称职以上。
3. 业务条件：略</td></tr>
<tr><td>备注</td><td colspan="4"></td></tr>
</table>

三、岗位设置后的岗位管理

岗位设置完成后就要进入岗位聘用、聘后管理和岗位培训等一系列的岗位管理过程。

（一）岗位聘用

农业科研机构岗位聘用制的具体内容是“按需设岗、竞聘上岗、按岗聘用、合同管理”。按需设岗，是在研究所结构性调整和学科、任务定位的基础上，设立结构合理、系列配套、职责清楚、权利明晰的管理、专业技术和工勤技能岗位；竞聘上岗，是指按设置的岗位进行公开招聘；按岗聘用，是指以岗位的聘用为主，同时坚持专业技术职务任职资格是实施按岗聘任的必要条件；合同管理，是要废除科研人员的终身制，除少数可成为终身研究员外，其他岗位的人员必须按职责要求去争取经费、争取课题，有课题，才有岗位，这是对现有职称制度的革命性的变革。岗位聘任制激发了专业技术人员争课题争任务的积极性，解决了研究人员“能上不能下”的问题。

1. 岗位聘用的基本程序

（1）公布竞聘岗位及其职责、聘用条件等事项。

（2）应聘人员报名。

（3）聘用工作组对应聘人员进行资格审查。

（4）聘用工作组织机构对通过资格审查的应聘人员进行考试考核，或通过竞争上岗、双向选择等方式提出拟聘人员名单。

（5）对拟聘人员进行公示。

（6）需要任前备案的人员，按照规定履行备案手续。

（7）签订聘用合同。

2. 岗位聘任条件的特殊情况

（1）对确有真才实学、成绩显著、贡献突出的专业技术人员，岗位急需的，具体条件可适当放宽，根据有关规定可破格聘用（低职高聘或越级聘用），属于低职高聘为正高级、副高级、中级的分别聘任到四级、七级、十级岗位。

（2）对取得任职资格，但业绩较差、不胜任岗位要求的专业技术人员，根据有关规定可进行高职（岗）低聘。低聘为副高级、中级、初级的分别聘任到五级、八级、十一级岗位。

3. 岗位聘用权限及要求

（1）各单位要根据国家的有关规定，确定具体工作岗位，明确岗位等级，严格按照岗位职责任务和任职条件，聘用工作人员，签订聘用合同（每聘期为3年）。

（2）单位职工原则上不得同时在两类岗位上任职。对因特殊情况，确需同时在两类岗位上任职的，须按干部管理权限审批。同时在两类岗位上任职的人员需同时通过管理岗位和专业技术岗位的竞聘后方可上岗，在聘期内应完成两个岗位要求的职责任务。

（3）专业技术一级岗位人员的聘用，应按照行政隶属关系逐级上报，经上级主管部门审核后确定，具体确定办法待国家人事部下发文件后执行。

（4）特设岗位设置需按有关程序报上级主管部门审批。

（5）鼓励人员跨部门、跨岗位应聘，打破干部与工人身份界线，工人可竞聘管理岗位，干部也可竞聘工勤技能岗位。

（二）聘后管理

1. 开展认定工作

各单位完成岗位设置和岗位聘用工作后，由上级部门对各单位完成岗位设置，组织岗位聘用并签订聘用合同的情况进行认定，组织审核验收。

2. 进入正常工资管理

各单位按规定程序，经上级主管部门认定，符合政策规定，完成规范的岗位设置和岗位聘用后，兑现岗位等级工资，进入正常工资管理。

3. 考核

聘期内，各单位按照有关规定及程序对聘任人员进行考核，考核结果作为续聘、解聘以及奖惩、晋升、调资的依据。

岗位考核对照岗位说明书的要求进行，绩效奖励按绩效管理办法进行。

4. 解聘

在聘任期间，受聘上岗人员的解聘按××文件有关规定及程序进行处理。

5. 辞聘

获聘人员在受聘岗位聘期未满时不得辞聘，因特殊情况需要辞聘者，辞聘人员中按有关规定办理相关手续。

（三）岗位培训

具体内容详见本章第二节。

第二节　建立有效的岗位培训体系

一、岗位培训的有关问题

完成岗位设置和岗位聘用后，工作人员在承担岗位职责任务的过程中，为适应事业发展和提高自身工作能力，需要接受必要的岗位培训。

（一）培训的内涵和作用

1. 培训的内涵

培训是指组织创造一个环境，使员工能够在其中学习或获得特定的、与工作要求密切相关的知识、技能和态度，从而既能促进组织发展，又能满足员工个人发展需要的一个过程。

2. 培训的作用

(1) 全方位培养员工。目前，我们处于一个变革的时代，变革无可避免的会涉及每一个组织和个人。组织通过对个人在知识、技能、素质等各方面进行全方位的培训，可适应这种变革。

(2) 让员工尽快适应工作环境和工作岗位。组织经常会由于人员岗位的变动或者新的工作需要而出现一些工作岗位上的新人，新员工如果不能尽快胜任工作岗位的要求，就会给组织的正常运营带来极大的不便。组织通过系统的培训可以尽快消除新员工的种种担心和疑虑，让他们全面而客观的了解其工作环境、组织氛围、工作流程及掌握新工作所需要的专业技能，是组织能够尽快达到正常高效的运作。

(3) 灌输组织文化。组织文化的核心是组织所拥有的共同的价值观和经营理念，组织文化在增强组织的凝聚力、指引员工自觉行动、协调团队合作以及提升组织形象方面有着非常重要的作用。组织通过培训，能够增强员工对组织的规则和理念的理解，改进员工的工作态度，提高和增进员工对组织的认同感和归属感。

(4) 提高组织的竞争力。从长远来看，组织通过培训，能使组织的员工掌握前沿科学技术、管理技术，能够适应不断变化的工作内容，使组织更具生命力，更能适应竞争的需要。

(二) 岗位培训的概念

岗位培训是指对在岗人员根据岗位工作需要，以岗位人员应具备的素质、绩效水平等为依据，以提高工作绩效、工作能力、工作态度为目的的定向培训。

(三) 岗位培训的种类和根本目的

1. 岗位培训的种类

培训包括岗前培训、在岗培训、转岗培训和为完成特定任务的专项培训。

2. 岗位培训的根本目的

岗位培训的根本目的在于达到所期望的绩效标准，提高工作绩效，最终从整体上实行组织绩效的提高。岗位培训的核心是提高在岗人员胜任本职工作的能力，提高工作效率和工作效益。

（四）岗位培训的内容

一般包括3部分：一是对岗位工作的认知培训，包括岗位工作的意义、职责、权利义务和注意事项的培训；二是对岗位工作的专业知识，包括岗位工作所需的专业知识、技能、技巧、能力以及新技术、新知识的培训；三是对岗位工作职业精神的培训。

（五）岗位培训的实施

1. 制定培训计划

要将不同的培训需求与具体人员相结合，根据轻重缓急确定出培训项目的优先顺序。

2. 人员安排

培训要按岗位分类进行，对专业技术岗位和管理岗位的人员都要给予同等重视。要加强专业技术人员的继续教育，重视他们的职业、技术培养。现代管理实践表明，一个单位的整体绩效如何，在很大程度上在于其管理。所以，要特别重视对管理人员的培训。

二、农业科研机构岗位培训制度的制定

人力资源培训制度化是人力资源培训管理的一项基础性工作，也是实际培训工作中相关各方利益均衡的结果。科学有效的培训制度无疑更有利于培训工作的组织和实施，培训制度为培训计划的实施提供了基本的规范和依据，同时使培训经验得以固化和沿用，从而提高培训的有效性。

常规的培训管理制度主要包括培训计划管理、培训激励、培训考核评估、培训奖励、课程开发与管理、教材开发与管理、师

资开发与管理、培训经费使用与管理等方面。

农业科研机构的岗位培训和企业的岗位培训相比，有很大的差异：某些岗位按国家政策有专门的培训时间要求、更强调学历培训等。所以，在制定培训制度的时候，在根据常规培训制度的制定要求基础上，要针对其特点来重点考虑培训方式、参培人员要求、申报程序、培训期间管理、培训待遇、经费开支及违约处理等环节。

三、案例

以某农业科研机构为例，介绍如何制定农业科研机构培训制度，相关具体条款需根据单位自身要求来具体设定。

《××科学院职工培训管理办法》

第一章　总　则

第一条　为加强人才队伍建设，提高职工的政治思想和业务素质，进一步规范培训工作，根据××等有关政策，结合本院实际，制定本办法。

第二条　干部职工培训必须坚持以下原则：

（一）联系实际、学以致用。

（二）以人为本、讲求实效。

（三）培训提高与考核使用相结合。

（四）组织培训与自主安排相结合。

（五）分级分类与统筹管理相结合。

第三条　培训对象为全体职工，以中青年科技人员和管理骨干为主，通过培训提高科技创新能力和组织管理能力。

第二章　培训形式及内容

第四条　培训以在职为主，脱产培训为辅，多种形式并举。

第五条　坚持全员培训、分级分类分批、突出重点的原则，实施多渠道、高质量的培训，提高针对性和实效性。

（一）管理人员培训重点内容为政治理论、领导科学、行政管理及相关技能和经济、法律、外语等知识。主要培训方式包括：在职读硕士或博士、各级党校、干部培训进修班或短期研讨班、选派出国培训、工作学习实践等。

（二）专业技术职务人员主要通过高水平的科研工作、科研管理工作实践和学术交流来提高科研水平。主要培训方式包括：国内外访问学者、在职攻读硕士或博士、英语或专业进修班、学术研讨活动等。

（三）工勤技能人员主要是通过对岗位规章制度和本岗位应具备的职业知识和技能的学习，结合所从事岗位的技能、工艺、知识更新变化或提高的要求，进行新知识、新理论、新技术、新技能的培训。主要培训方式包括：岗前培训、岗位操作技能培训、职业继续教育培训、职业资格培训、工作学习实践。

第六条 各单位、各部门应根据业务工作的需要，每年有计划按比例安排干部职工参加短期培训或进修学习。根据上级有关规定，司处级干部每年参加脱产培训的时间一般不少于110学时，5年内累计参加脱产培训的时间达550学时以上；其他干部参加脱产培训的时间每年不少于100学时或5年内不少于500学时。中高级专业技术人员脱产培训时间平均每年累计不少于15天，初级专业技术人员不少于7天。

第三章 选派培训人员的基本条件

第七条 选派培训人员的基本条件包括：

拥护党的各项路线方针政策，遵纪守法，具有良好的职业道德和敬业精神，在单位工作满一年，且年度考核均为称职以上，学习的内容与业务工作紧密联系。

科研骨干、学科带头人培养对象或在工勤技能岗位上有突出表现的工勤技能人员优先选派。

第四章　培训审批程序

第八条　培训审批程序：

（一）个人申请，每年12月申请下一年的培训。申请攻读学历、学位的人员填报《攻读学历学位申请表》（附件1）。

（二）所在单位（部门）12月底汇总本年度职工培训情况，填写《职工培训登记表》（附件2），并充分考虑工作任务的顺利完成及干部职工的实际情况，合理确定下一年度的培训计划，填写《职工培训计划》（附件3），报人事处。

（三）职工报考在职研究生，填写《攻读学历学位申请表》，由院属单位审批，报人事处备案；职工报考非在职研究生（脱产读学位），单位需出具书面意见，报人事处按程序审批。属院本级职工的培训，由部门出具意见后，报人事处按程序审批。

（四）组织调训。按干部管理权限及程序执行。

（五）服务期或聘期未满的职工如坚持报考非在职研究生的（脱产读学位），须提出辞职申请，并按相关程序审批。凡不按程序办理审批手续，擅自报考非在职研究生的，一律不予受理。

第五章　培训管理

第九条　职工教育培训工作在院统一领导下，人事处负责研究和拟定职工培训管理办法等制度规定，统筹管理全院职工培训工作，协助落实上级部门下达的培训任务，对各院属单位职工培训工作进行指导和监督。院机关各职能部门按照职责分工，负责本系统职工的业务教育培训工作。

第十条　各单位负责落实职工培训的有关制度，拟定本单位职工培训规划，结合本单位研究方向、学科建设或业务需要，认真做好本单位人才培养规划，落实职工年度培训计划，统计本单位年度职工培训情况，做好本单位职工培训学习的审核登记和学习材料的备案归档等工作。

第十一条　按计划已经安排的培训任务，单位（部门）一般不得取消。个人应服从单位（部门）安排的培训计划及培训形式，无正当理由和特殊情况，不得变更培训内容、时间及形式。

第十二条　培训超过一个月以上，应按有关规定及培训层次、形式的要求进行考核及鉴定，组织填写《职工教育培训备案表》（附件4），并存入档案，作为职务晋升、奖惩的依据。

第十三条　参加培训人员，必须努力达到计划规定的学习目标；每学期结束和学习期满后，应以书面形式向单位（部门）汇报学习情况，并作为年度考核的依据。无正当理由中途退学或因违法乱纪受到处分的，由个人支付一切培训所需费用。

第十四条　凡经审批同意参加一年以上培训的人员必须与单位签订培养协议书（附件5），约定服务期，明确双方的权利和义务，及违约所应承担的责任。在职攻读学位人员，毕业后在单位的服务期为6年。外出进修学习半年以上的，服务期按进修学习时间乘以2计算（不足一年的以一年计）。职工在职进修学习或攻读学位（学历）未满服务期离开单位的，根据《劳动法》有关规定，应当按照约定向单位支付违约金。

第十五条　凡参加一年以上培训学习期满者，原则上要履行相应的服务年限后，方可再次申请培训学习。特殊情况确需选派者，必须经院批准。

第十六条　职工完成学业之后，应将获得的文凭及学校核发的学籍档案（证明）或成绩单报单位审核确认后按相关要求，存入本人人事档案。属院本级管理的职工报人事处审核确认。

第六章　培训人员的待遇

第十七条　根据需要或计划安排，在职参加培训的人员，培训期间已符合晋升高一级专业技术职务条件者，可正常申请参加专业技术职务评审。

第十八条　在职培训的人员，在外攻读学位期间，其基本工资、津贴补贴待遇原则上不变，绩效工资、福利按相关规定并结合本单位实际执行。

第十九条 脱产学习一年以上，从第二年开始，符合探亲条件的职工，按院有关规定，由所在单位每年报销一次探亲路费。

第二十条 培训费原则上由所在单位、个人共同分担。对于不同类别人员和不同培训项目，各单位根据单位实际情况自行确定报销标准。院本级培训费报销按以下标准执行。

1. 在职攻读博士研究生，取得博士学历学位的，培训费报销××元；在职以同等学力申请博士学位，取得博士学位的，培训费报销××元。

2. 在职攻读硕士研究生，取得硕士学历学位的，培训费报销××元。在职以同等学力申请硕士学位，取得硕士学位的，培训费报销××元。

3. 参加研究生课程进修班学习人员由单位培训费报销××元。

4. 国内外访问学者等形式的培训费用按照培训的性质和内容，根据实际情况确定。

第二十一条 培训期间涉及的相关生活补贴由所在单位负责。定向培养博士后出站或攻读学位人员（不含同等学力在职申请硕士或博士学位）或取得毕业证、学位证并且回院工作后，按其在读期间，博士后、博士研究生××元/学年、硕士研究生××元/学年的标准一次性发给生活补贴。

第二十二条 培训涉及的差旅费等相关费用由所在单位参照财务有关文件规定执行。

第七章 培训经费开支办法

第二十三条 各单位职工培训经费在事业经费中列支。

第二十四条 经批准在职攻读博士、硕士学位，或在职以同等学力申请博士、硕士学位人员，应在规定的培训期内取得相应学位。

第二十五条　申请在职学习培训费者，在完成学业后凭学校出具的正式学历、学位、结业证书、成绩单和缴纳费用的发票，向单位书面申请，按相应培训费标准享受一次性报销。缴纳费用低于培训费标准的，按发票金额报销，由单位从有关经费中审核报销。机关人员统一报人事处，从院培训专项经费支出。

第二十六条　职工在职参加“五大”类学历（电大、夜大、函大、职大、自考）教育，原则上费用自理。

第八章　附　则

第二十七条　本办法从发文之日起施行，之前有关规定与本办法不一致的，以本办法为准。

第二十八条　各单位可根据本办法，结合单位实际情况，制定具体实施办法。

第二十九条　本办法由院人事处负责解释。

附件：

1. 攻读学历学位申请表（略）。
2. 职工培训登记表（略）。
3. 职工培训计划（略）。
4. 职工教育培训备案表（略）。
5. 职工培养协议（如下）。

《职工培养协议》

本协议甲方：××科学院

本协议乙方：________（身份证号码：__________）

监督部门：××科学院人事处

甲方根据工作需要，决定选派乙方到______________（单位或学校）______________（在职、半脱产、脱产）学习______________专业课程____年，攻读______学历，______学位。为明确双方的职责和义务，签订本协议。

一、甲方的职责和义务

1. 按院有关规定，提供乙方完成学习培训期间的培养费和差旅费。

2. 在进修培训期间，保证乙方在工资、职务晋升、住房等方面与在职职工享受同等待遇；在外地参加培训的人员，根据各地物价水平和本人实际困难，由所在单位给予一定的生活补贴，补贴金额按院的有关规定执行。

3. 批准乙方培训期限为__年（自__年__月至__年__月）

4. 乙方的培训费用，采取两方分担机制。由甲方拨付的培训费支付部分的最高额度为______元，超出部分由乙方个人承担。

5. 甲方在乙方学成回院后，负责安排乙方的工作，并积极创造必要的工作和生活条件，发挥乙方的作用。

二、乙方的职责和义务

1. 服从甲方的培训计划安排，按规定的培训内容、时间和形式完成所定的学习、研究计划，并争取取得优良成绩。

2. 自觉接受培训方和甲方的领导和管理，遵纪守法，遵守学校的规章制度，在每学期结束后，主动向甲方书面汇报学习情况。

3. 学期期间的书报费、资料费、学习用品等费用一概自理。

4. 学习期满后，应立即回甲方工作，并保证继续为甲方服务__年以上。

5. 严格要求自己，努力完成规定的学习内容。如培训期间违反学习纪律和有关规定，受到退学处分，或无正当理由自动退学，或未履行本协议规定的服务年限调离、辞聘或辞职的，按院有关规定向甲方赔偿有关费用和违约金。

三、本协议经双方签字（章）、人事处核准后生效。本协议一式三份，三方各执一份，具有同等效力。

甲方代表签名（公章）　　　　　　　　乙方签名：

年　月　日　　　　　　　　　　　　　年　月　日

人事处审核意见：

代表签名（公章）：

年　月　日

第三节　制定与规范绩效考核与绩效管理体系

一、绩效、绩效考核与绩效管理

（一）绩效的概念

绩效指员工围绕所在岗位的职责而达到的结果，以及在结果实现过程中的行为表现。绩效一般包括两个方面：一方面指工作结果，相当于通常所说的业绩，如工作的效率、工作产生的效益或利润等；另一方面指影响工作结果的行为、技能、能力和素质等。因此，绩效既包括静态的结果内容，也包括动态的过程内容。两者相辅相成，结果是工作的最终目标，过程则影响和控制目标的实现。

绩效是组织期望的结果，是组织为实现其目标而展现在不同层面上的有效输出。绩效一般由 3 个层面构成：组织绩效、部门绩效、个体绩效，三者所包含的内容及其考评和管理方法也不尽相同。3 个层面中，个体绩效是根基，一般表现为个人的工作成果和工作过程；部门绩效是个体绩效的整合和放大，体现了组织整体目标在该部门的分解；组织绩效又是部门绩效的整合和放大。简而言之，组织绩效的实现，只有在组织目标按一定的逻辑关系被层层分解到部门，部门又将工作目标层层分解到每一个体工作岗位上，每个任职者都达到了组织的要求，这样才能实现。

（二）绩效考核的概念

绩效考核，又叫绩效评估，指通过系统的原理、方法来评定和测量员工在岗位上的工作行为和工作效果的过程。是通过一定的方法和客观的标准，对职工的思想品德、工作能力、工作成绩、工作态度以及性格特点等进行的综合评价制度，是人力资源管理工作的重要内容和基础性工作。大量管理实践证明，如果组织不能准确科学的考评员工绩效，就难以对员工绩效进行有效管理并达到提升绩效的目的。

绩效考核是绩效管理中最重要一环，这一点已形成共识，它是单位与员工之间进行管理沟通的一项重要活动。绩效考核的结果可以直接影响到薪酬调整、奖金发放及职务升降等诸多员工的切身利益，其最终目的是改善员工的工作表现，提高员工的满意程度和未来的成就感，保证单位计划任务目标的实现，从而最终达到单位和个人发展的“双赢”。

（三）绩效管理的有关含义

1. 绩效管理的概念

绩效管理是一个上一级管理者和职工持续不断双向沟通的过程，是在目标与如何达到目标而达成共识的过程，以及增强员工成功地达到目标的管理方法。

在绩效管理实施的过程中，管理者不是单打独斗，职工也不是孤独的行者，绩效管理目标的实现需要管理者与职工的共同努力，离开任何一方，绩效管理都将流于形式，招致失败。绩效管理的实现首先需要管理者和职工就工作目标达成一致，其次管理者作为职工的辅导员、教练要帮助职工不断提高能力以使绩效目标得以达成，最终使职工达到绩效目标的要求，获得自身能力的提升，最大限度地激发职工的潜能。而绩效管理的终极目标就是提升职工的能力、激发职工的潜能。

绩效管理由 4 个环节组成。①绩效计划：确定组织对职工的绩效期望并得到职工认可的过程。②管理绩效：保证职工能够按照设定的目标，在规定时间内完成工作任务（辅导、咨询、回顾、自我监控）。③绩效考核。④奖励绩效：对考核结果进行多种形式的奖励和处罚。

绩效管理的基础是岗位说明书。绩效管理工作一切的讨论和沟通都是围绕职工的职位和工作内容展开，离开了对岗位说明书的关注，绩效目标就无法达成，绩效管理就失去了逻辑性，就不称其为绩效管理。

2. 绩效管理的意义

（1）激励员工。激励功能是绩效管理的核心功能，它能激发员工的责任感和使命感；能最大限度地调动员工的积极性，并发挥员工的能力和价值；能向绩效优秀的员工提供更多的成长机会和回报。

（2）了解工作状况。通过对个人的工作业绩进行考评，部门负责人可以正确了解本部门的人力资源状况，有利于提高管理工作的效率。

（3）促进沟通。在员工绩效管理过程中，加强了上下级之间的沟通，建立起相互信赖的关系，使他们能够及时发现工作中的问题，并加以改进。实际上，很多员工在工作中并不清楚组织希望他们做什么、怎么做。绩效管理可排除很多不必要的误解，改善上下级关系。

（4）促使组织目标实现。可从两方面来看，对组织而言，通过对个人或部门绩效的考核，了解他们对更高层次目标的贡献程度，经过对目标和实际绩效的差异分析，找出影响目标实现的内外部因素；对个人而言，通过绩效管理可以将个人目标和组织目标整合，增强了工作成就感，提高了士气，加强了组织凝聚力。

（四）绩效考核与绩效管理的关系

绩效考核只是绩效管理（绩效计划、管理绩效、绩效考核、奖励绩效）的一个核心环节，远非绩效管理的全部。两者的区别和联系如表3－1所示。

表3－1　绩效考核与绩效管理的区别与联系

	绩效管理	绩效考核
区别	1. 是一个完整的系统 2. 注重过程管理 3. 前瞻性 4. 关注未来绩效 5. 包括绩效计划、管理绩效、绩效考核、奖励绩效等4个环节	1. 是系统中的一部分 2. 注重工作结果总结 3. 回顾性 4. 关注过去绩效 5. 重点在于评价
联系	1. 绩效考核是绩效管理中的不可或缺的组成部分 2. 绩效考核为绩效管理提供资料来源	

可见：仅仅盯住绩效考核，而不顾及绩效管理全过程，将难以达到提升绩效和实现组织目标的目的。单纯的绩效考核，指标体系不可能体现出个体绩效和单位绩效的所有业绩和个体差异性。本着“以人为本”的理念，建议客观看待考核结果、科学运用考核成果、把绩效考核作为激励员工和引导员工自我发展的手段，从而促进组织绩效管理科学运转。

二、农业科研机构绩效考核

作为绩效管理的核心环节，本书将着重谈谈农业科研机构的绩效考核这个关键环节。

（一）存在的主要问题

长期以来农业科研机构都存在着深知绩效考核的重要价值，但又不清楚如何正确实施的矛盾境况。一方面深知传统人事考核的弊病；另一方面又不得不继续操作以“德政勤绩”为特征的人事考核。问题的关键困惑在于：不能设计出一套可行有效的绩效考核指标体系。目前科研事业单位在绩效考核方面主要存在以下几点问题。

1. 绩效考核流于形式

考核内容缺少量化指标，很多科研院所的考核过于简单和笼统，缺乏科学性和可操作性，甚至有的单位每年的考核就是员工的一篇自我总结；此外，绩效考评的结果没有同职工的工资分配、职位的变动及奖惩直接挂钩，绩效考评往往流于形式。

2. 绩效考核体系的设计没有针对科研人员的特点

科研技术人员是科研事业单位的主体。但科研院所在对科研人员的绩效考核上，往往缺乏针对性。科研技术人员攻克科研难关，创造高科技产品的工作特点使其业绩显示周期一般较长，有时甚至在相当长一段时间看不到结果。其次，科研技术人员的工作时间无法按常规作息时间估算。第三，由于科研项目和任务的创新性，前瞻性，使科研技术人员面临很大的工作压力。

但科研单位传统、死板、简单化的考核方式往往忽视了科研技术人员的这些特点，造成对科研技术人员的工作考核失真，严重影响其工作主动性和积极性。

3. 绩效考核指标简单粗放

采用传统的“德、能、勤、绩、廉”考评模式考核员工，这些指标与科研事业单位职工当前工作任务的关系结合得非常不紧密。有的单位考核指标构成不合理，只看重科研项目完成情况，而忽视了环境与客观因素对于工作成果的影响。所以，导致很多科研人员只选择简单的科研项目来做，而难度较大，完成有困难的项目则出现无人问津的现象。考核权重设置不合理，这往往使他们的工作业绩得不到公正地评价。

4. 管理人员的绩效考核缺乏客观依据

对管理人员的考核缺乏指标体系，考核人只是凭印象给被考核者评分，容易造成考核不客观，甚至发生有的考核者通过考核做人情、泄私愤的现象。这样的考核没有说服力，也容易让被考核者对考核产生严重的抵触情绪。

5. 缺乏交流与沟通，评估反馈体系不健全

在进行考核后，科研事业单位的上下级之间没有加强交流与沟通，未向被考核者指出需要改进的地方，并指导他们如何改进，这造成了绩效考核不能促进职工的工作能力和业绩的提高。同时由于评估反馈体系不健全，使那些被错误评价的职工没有申诉的机会。

6. 绩效考核制度缺乏相应配套措施的支持

绩效考核不是目的，只是过程。考核的目的是最终使员工的工作积极性得到提高，使他们的工作行为与目标和组织的目标不断靠近。但员工工作积极性得到增强，工作绩效不断提高，只是靠绩效考核本身是达不到这个目的的，必须要建立相应的考核配套措施和制度才行。

（二）制定科学的绩效考核办法，合理利用考核成果

为使考核工作科学化、规范化，使绩效考核在人力资源管理中真正发挥奖勤罚懒、优胜劣汰的作用，应从以下几个方面加以重视和完善。

1. 科学制定岗位说明书

绩效考核与绩效管理的实施与落实都有赖于岗位说明书的制订，通过科学的设计岗位和明确岗位职能，使单位的“决策层”—“管理层”—“操作层”按统一的思想明确岗位的工作使命和目标任务，从而指导大家要做什么，该怎样做，如何才能达到绩效考核目标。

而岗位说明书的制订应根据单位近期的战略发展方向和科研

目标，结合单位现有人员情况来拟定。内容一般应包括单位名称、岗位系列、岗位等级、岗位基本条件和岗位职责等内容。为确保岗位说明书的内容正确、清楚、易理解、可操作，应在一定范围内征求广大科研管理人员意见并得到认可后再予实施。

2. 因岗而异，采取不同的绩效考核办法

对于不同岗位有着不同考核重点，因此，针对科研人员和管理人员不能采取单一的考核办法。

（1）科研人员采取年度考核与岗位聘期考核相结合、团队考核与个人考核相结合的考核办法。由于科研工作的特殊性，科研产出往往不是一蹴而就的，科研工作还需要长期的配合与沟通，因此，对科研人员的考核需要实行动态考核，年度考核与岗位聘期考核相结合的方式；同时要以课题组（中心）为单位，进行团队考核与个人考核相结合的考核方式，团队优秀则个人优秀指标可以增加，团队不合格则当年不分配优秀指标。而科研人员个人的考核则要依据岗位职责和业绩完成情况，实行以定量为主，定性为辅的岗位绩效考核。

（2）管理人员采取关键绩效指标法和360度考核法进行绩效考核。关键绩效指标法是基于管理学“二八原理”提出的，即在一个组织的价值创造过程中，存在着“20/80”的规律，80%的工作任务是由20%的关键行为完成的。360度考核法是指从上级、同事、下级以及自身等信息资源的收集来全面评估绩效的方法。具体做法如下：①根据现有“德能勤绩廉”5个维度，按照指标的重要性、可操作性和岗位职责确定每一岗位的关键绩效指标。再分别找出影响各维度的关键因素，然后根据每个管理岗位的不同制定二级指标，如“德”包括“思想素质、服务态度、责任心”等，在此再细分二级指标；②从评价的主体方面可引入360度考核法。即在具体实施过程中，要考虑到不同的评价者所处的角度、观察内容的不同会对考评结果产生影响，因此，在考核中对于不同的评价者应确定不同的考核权重。比如：在考评中，直接上级会更清楚被评价者的工作态度、表现和取得的成绩，因此，应给予一个比其他人群高的权重。

3. 规范和完善绩效考核程序

（1）制定可行的考核标准。根据单位的绩效目标和计划，设定简单实用、可量化、操作性强的考核参考标准，使员工十分清楚所从事岗位的职责、数量、标准：即做什么，应达到的效果，完成的时间；为了完成这些目标，需要接受何种培训和指导；需要有何种服务意识，运用何种工作方法，如果完成工作目标；如取得更卓越的成绩可以得到什么奖励，完成不了目标或出现什么情况会受到什么处罚等等。

（2）考核工作要有专管部门。不能把考核工作作为临时性的工作，随心所欲地拼凑班子，要成立专门的考核负责部门，并将考核工作作为单位的日常事务去做，建立健全职工考核台账和档案，并起到监督和督促考核者的作用。由于绩效考核是单位领导者与员工共同的责任，必须遵循公开与开放、信度与效度的原则，因此，考核部门的人选必须为考核实施人、被考核人和单位领导三方所能接受的，必须是公认的权威部门，且能遵循全方位获得评价结果的原则，能采取多角度观察和具备正确的判断技能。

（3）按照考核办法进行科学合理、公开公正的各岗位人员及组织团体的绩效考核。

（4）及时进行考核过程的反馈。考核不是简单的上级对下级的监视和检查，而是双方共同查摆问题，讨论成功和进步的过程。

（5）考核与激励相结合，推进绩效的提升和再计划。绩效计划的提升与再计划是绩效考核系统的最终目的，管理层和被考核者针对考核中的不足，查找原因，确定改进的方向和重点，作出具体的方案，并在下一轮绩效考核中付之于实施，以达到绩效的提升。

4. 合理转化和利用考核成果

绩效考核本身不是目的，而是一种手段，只有及时合理地将考核结果用于人力资源管理，才能最大限度的发挥绩效考核的作用。考核结果可考虑利用到以下环节。

（1）绩效考核与晋升、调动。当把考核引进竞争机制，并作为晋升依据的同时，大家的注意力也被引向了工作，员工的行为将为工作本身所驱使，做好工作不仅仅是值得称道的，而且把工作做漂亮了，就有了晋升的机会，这就使晋升工作以及考核工作发生根本性的变革，考核不再是单纯的职工能力的核查，考核还将在指导、帮助和教育职工做好工作方面发挥着作用。考核过程表现为职工能力开发的过程，考核结果意味着职工晋升条件的成熟。

（2）考核与教育培训。根据绩效考核结果很容易发现哪些课题、哪些科室、哪些工种、哪些岗位的哪些人是急需要接受培训的，而这些人因为缺乏何种技能、知识和经验，而不能充分发挥现有的能力，或不能胜任现在的工作，这些人希望在哪些方面得到发展、希望在哪些方面得到教育帮助等等。通过有针对性的教育培训，能有效地提高岗位人员的技能和素质，从而完成单位的绩效目标和战略任务。

（3）绩效考核的地位。绩效考核是提薪、奖金、晋升、调动、教育培训等工作的基础与前提，只有做好绩效考核工作，为各项工作的开展提供理论依据，才能充分发挥绩效考核的作用，才能使人力资源各项工作得以完善。

可见，结合农业科研机构的实际，有针对性地实施科学、合理、高效的绩效管理与绩效考核办法，有效利用和转化考核成果，不仅可以增强考核工作的准确度和可信度，还可以达到对职工多层次、多角度的了解，加深对职工个人和整个职工队伍的全面认识。同时，可以提高考核结果的认同率，激发科研事业单位职工的竞争意识和进取精神，进而提高事业单位人力资源管理工作水平，使绩效考核工作在人力资源管理中的重要作用得以发挥。

三、案例

为了让大家对如何制定农业科研机构的绩效考核办法有更清晰的了解，下面附上某农业科研机构绩效考核案例。在制定绩效考核办法的时候，要注意有效的绩效考核既要符合农业科研机构管理的要求，又要具有有效性。有效性主要体现在6个方面：①与战略一致（强调绩效考核指标对员工的引导作用，当科研机构的战略发生转移的时候，绩效考核指标应该及时调整，体现出对员工新的要求）。②可操作性（抓住关键价值驱动因素，设置可以衡量的指标，力求便于操作和管理）。③少而精（保持绩效考核指标的简明性和可衡量性，提高考评工作效益）。④边界清楚（每项业绩考核指标内涵和外延都应界定清楚，避免产生相互交叉或者产生考评“真空地带”）。⑤高效度（多个评估者对同一个被考评者的评价结果一样或相近，反映绩效指标的一致性高）。⑥高信度（用同一考核办法和程序对员工在相近的时间内所进行的两次测评结果应当是一致的，反映指标的稳定性强）。

以下案例体现了：

（1）个体绩效。分定性（按权重两级测评，上级和平级）和定量考核，针对科技人员特点，制定专门的专业技术岗位绩效考核办法，详见案例《××研究所绩效考核办法》以及附件1《××研究所专业技术岗位绩效考核办法》。

（2）部门绩效。分职能办公室定量考核和各研究室定量考核。职能办公室作为业务管理部门，将单位组织目标分解到各研究室，各研究室按照分解指标进行对照考核；各研究室指标完成情况的好坏，整合后将对应反映出相应职能办公室的绩效。

（3）组织绩效，即单位绩效。各职能办公室绩效完成情况将综合反映单位绩效。

《××研究所绩效考核办法》

为进一步完善和规范绩效考核机制，根据××文件规定，结合我所实际，制定本办法。

一、指导思想

根据事业单位分类改革的总体要求，结合我所的职能定位、目标任务、体制机制等特点，进一步深化事业单位人事制度改革，探索建立符合我所实际、层级分明、分类科学、务实管用的评价管理体系，显著提升我所管理的科学化和规范化水平，充分调动职工的积极性和创造性。

二、基本原则

（一）公开公正、实事求是。

（二）定性定量、统筹兼顾。

（三）归口管理、统分结合。

（四）目标管理、绩效奖罚。

三、考核对象和范围

（一）单位所属内设机构和单位直属平台。

我所各办公室与研究室。

（二）我所在编在岗的职工。

四、总体目标

按照《××单位××年重点工作目标》对应各单位目标。我所××年的总体目标为：

（一）科技创新能力××年在环境生态学、植物病理学、农业昆虫与入侵生物防治、农药学等重点学科实施××人才工程比上一年度有所提升。科技平台建设运行效果良好以上。

（二）服务“三农”（协同创新、协作推广）在××责任区域和项目区域××年比上一年有成效。积极推进××行动计划，效果良好以上。

（三）综合实力（成果转化、资源开发）比上一年有提高，开发体系建设有成效，民生工程有进展。

（四）财经管理依法规范。

（五）内部安全稳定，和谐发展。

五、内设机构考核指标和标准

（一）职能办公室

1. 考核指标：分定性指标和定量指标

（1）定性指标。包括政治纪律、组织纪律、职业道德、履行职责、改革创新、团队协作、服务基层、廉政建设等8项指标。

（2）定量指标。

部门	定量指标	权重
综合办公室	1. 人才队伍：体制机制创新、三类岗位优化比例、高级专业技术人员比例、一线科技人员结构、博士学位人员增长数、高层次人才引进、博士后科研流动工作站培养博士	32%
	2. 综合治理：安全稳定自查工作、建立定期消防安全检查和日巡查制度并实施	17%
	3. 行政宣传：各类新闻稿件组织完成情况、所网站建设	17%
	4. 党建（党风廉政）管理：推进学习型党组织建设、推荐党的基层组织建设、落实民主评议党员、“三会一课”制度、民主生活会、党风廉政建设、特色党建主题活动、创新文化建设、党的群众路线教育实践活动整改落实、党建工作评议	34%
科研办公室	1. 科技创新（基础定量）：科技创新体系建设、科研管理队伍建设与指导、科研管理制度建设、科研档案管理、科技宣传、项目库建设、承担研究课题指数、科研经费预算执行进度、人均鉴定（评价）成果、人均获准知识产权和专有证书、人均获奖成果、人均论文与著作	45%

（续表）

部门	定量指标	权重
科研办公室	2. 科技创新（重点定量）：申报一类项目、项目库建设、竞争性经费、国家科技奖励的申报、部省级科技奖励的申报、SCI 收录的论文、SCI 收录 IF3.0 以上论文、授权发明专利、重大基础性研究进展、平台申报筹建与验收评估	30%
	3. 国际合作：项目总经费、科技标准人员人均经费、项目库建设成效、提交所项目库指标完成率、领域带头人培养、领域团队建设、选派骨干到国外学习、在国际组织任职 聘请中长期外籍专家、招收国外留学生、出国交流与合作研究、举办国际学术会议或主办国际期刊、邀请外宾来访作学术报告、签署国际或涉外合作协议、承担国家援外任务或项目、在境外为企业提供技术服务、现有平台建设与交流成效、对外宣传、管理制度、制度执行	15%
	4. 学术交流：制度履行情况、学风建设宣讲教育活动开展情况、大型学术交流活动组织情况、学术交流次数、学术交流平台、挂靠的院所重点学科建设情况、内部学术交流情况、项目库入库学术审议和推荐工作情况、制度建设情况、完成院学术委员会委托的学术交流工作安排情况、配合院所学术委员会举办大型学术交流活动	10%
财务办公室	1. 财务状况。预算收支完成率达到预定的目标，资产负债率控制在安全范围，资产保值增值率符合上级管理部门规定	20%
	2. 财力保障。人均总收入较上年有所增加，固定资产贡献率符合院规定	30%
	3. 财务管理。预算执行进度在院排名不低于前 5 名，内控管理制度比较健全，预算决算质量在院排名不低于前 5 名，工作质量、效率较高，自查自纠及时有效	30%
	4. 能力建设。队伍建设有成效，岗位设置科学合理，人员分、合作能力强，理论水平有提升	20%
开发办公室	1. 科技开发：开发总收入指标完成比例、全所科技开发收入管理费上缴水平、全所科技成果转化率、新产品研发数、技术性收入比重、开发过程管理水平	54%
	2. 科技服务：新增推广应用技术成果、与热区九省区合作实施项目数、入选协作创新项目库项目数、培训农技人员和农民人数、科技人员下乡人次数、科技服务过程管理水平、受地方表彰数	34%
	3. 基地管理：当年新增挂牌示范基地数、基地管理水平（评估等次）、入选示范基地项目库项目数、制度完善程度	12%

（续表）

部门	定量指标	权重
条件办公室	1. 规划编制：中长期条件建设规划和建设用地修建性详细规划	20%
	2. 保障工程：农业基建项目库建设、农业基建和条件建设项目验收	20%
	3. 项目执行：××农业观测站建设项目、农业部××重点实验室设备购置项目和生防与农药研究中心仪器设备购置项目共3个项目预算执行	30%
	4. 日常基建管理：制度建设、业务培训、日常工作完成情况	30%
××基地综合办	1. 综合治理：××基地保持安全稳定，正常运转	40%
	2. 完善××基地各研究室条件建设	35%
	3. ××基地温室大棚使用管理制度建立	25%

根据上级部门要求，单位定量指标权重：科技创新40%、科技开发12%、科技服务10%、国际合作8%、人才队伍6%、财经管理3%、综合治理3%、行政宣传3%、党建管理3%、监察审计3%、建设保障3%、资产管理3%、学术交流3%。

2. 考核标准

管理部门绩效考核的定性与定量按6∶4的比例确定，其中，上级测评、部门互评和定量考评的3∶3∶4比例确定权重。

具体比例由各单位根据本单位实际情况可做适当调整，并明确具体考核主体。

各职能办公室绩效考核的定性与定量按6∶4的比例确定，其中，上级测评、职工测评和定量考评按3∶3∶4的比例确定权重。

（1）上级测评：权重30%（所领导班子成员）。

（2）职工测评：权重30%（全所职工）。

（3）定量考评：权重40%（所绩效考核工作组）。

（二）研究室

1. 考核指标

（1）定性指标：科技服务、国际合作、学术交流、科技服务与开发、课题经费管理、预算执行进度与资产管理、人才团队建设、综治与科技宣传、仪器设备使用、研究室条件建设与修购项目申报。

（2）定量指标：

定量指标	权重
一、科技创新（基础定量）	25%
1. 科技创新体系建设	
2. 科研管理队伍建设与指导	
3. 科研管理制度建设	
4. 科研档案管理	
5. 科技宣传	
6. 项目库建设	
7. 承担研究课题指数	
8. 科研经费预算执行进度95%	
9. 人均鉴定（评价）成果	
10. 人均获准知识产权和专有证书	
11. 人均获奖成果	
12. 人均论文与著作	
一、科技创新（重点定量）	16%
1. 申报一类项目	
2. 项目库建设	
3. 竞争性经费	
4. 国家科技奖励的申报	
5. 部省级科技奖励的申报	
6. SCI 收录的论文	
7. SCI 收录 IF3.0 以上论文	

（续表）

定量指标	权重
8. 授权发明专利	
9. 重大基础性研究进展	
10. 申报筹建与验收评估	
二、国际合作	8%
1. 项目总经费	
2. 科技标准人员人均经费	
3. 项目库建设成效	
4. 提交所项目库指标完成率	
5. 领域带头人培养	
6. 领域团队建设	
7. 选派骨干到国外学习	
8. 在国际组织任职	
9. 聘请中长期外籍专家	
10. 招收国外留学生	
11. 出国交流、合作研究	
12. 举办国际学术会议或主办国际期刊	
13. 邀请外宾来访作学术报告	
14. 签署国际或涉外合作协议	
15. 承担国家援外任务或项目	
16. 在境外为企业提供技术服务	
17. 现有平台建设与交流成效	
18. 对外宣传	
19. 管理制度	
20. 制度执行	
三、学术交流	3%
1. “院所学术委员会章程”和“院所学术交流工作指导性意见”履行情况	
2. 学风建设宣讲教育活动开展情况	
3. 在本研究领域开展较大学术影响力的学术交流活动组织情况	

（续表）

定量指标	权重
4. 学术交流次数比 2013 年增加 10%，参加人次增加 20% 以上	
5. 建立 1 个以上的学术交流平台，建立 1 个由专人负责的研究生学术交流平台，并发挥效果形成长效工作机制	
6. 挂靠的院所重点学科开展至少 1 次以上的学科建设研讨会	
7. 开展至少 1 次以上的内部学术交流	
8. 开展至少 1 次以上的项目库入库学术审议和推荐工作，并建立适合本学科领域的项目入库办法、学术评价标准	
9. 制定年度计划，提供条件保障，完善制度建设，圆满完成院学术委员会委托的学术交流工作安排	
10. 圆满奖励配合院所学术委员会举办大型学术交流活动	
四、科技服务	10%
1. 当年新增推广应用技术成果	
2. 与热区九省区合作实施项目	
3. 协作创新项目库	
4. 培训农业技术人员	
5. 培训农民	
6. 科技人员下乡	
7. 提供检测技术服务	
8. 当年新增挂牌示范基地	
9. 基地评估等次	
10. 示范基地项目库建设	
11. 项目库建设验收	
12. 地方政府表彰	
13. 项目库建设验收成绩	
14. 基地建设示范效果	
15. 已挂牌种质资源圃数	
五、科技开发	12%
1. 开发总收入完成比例	
2. 人均上缴水平	
3. 成果转化率	

（续表）

定量指标	权重
4. 新产品研发	
5. 技术性收入比重	
6. 开发收入管理	
7. 开发生产过程管理	
8. 开发公开程度	
9. 奖惩分	
六、财经管理、资产管理	6%
1. 经费规范使用	
2. 预算执行进度	
3. 资产保管齐全	
七、人才队伍	6%
1. 在职干部培训率	
2. 十百千人才工程	
3. 创新团队建设	
4. 重大贡献人数	
八、综治治理	3%
1. 安全生产巡查管理	
2. 防火、安全用电	
九、宣传工作	3%
1. 新闻报道	
2. 楼层宣传栏	
十、建设保障	3%
1. 研究室条件建设规划	
2. 研究室条件建设项目或修缮购置项目	
3. 课题组仪器设备使用和日常基本建设管理	

2. 考核标准

研究室（平台）绩效考核的定性与定量按4：6的比例确定，其中，上级测评、部门互评和定量考评的2.5：1.5：6比例确定权重。

具体比例由各单位根据本单位实际情况可做适当调整，并明确具体考核主体。

研究室（课题组、科技平台）绩效考核的定性与定量按4：6的比例确定，其中，上级测评、部门测评和定量考评按2.5：1.5：6的比例确定权重。

（1）上级测评：权重25%（所领导班子成员）。

（2）部门测评：权重15%（各研究室之间）。

（3）定量考评：权重60%（所绩效考核工作组）。

六、工作人员考核指标和标准

（一）考核指标

1. 定性指标

工作人员定性指标主要为个人德、能、勤、绩、廉的表现。

2. 定量指标

工作人员定量指标结合所在部门的绩效指标和岗位责任书的要求确定。各类岗位具体指标由相应办公室、部门制定。

管理人员定量指标结合所在职能办公室的绩效考核指标和岗位责任书的要求由相应职能办公室制定；科技人员（含工勤技能人员）的定量考评指标由科研办公室组织制定。

（二）考核标准

1. 各办公室、部门负责人

各内设机构负责人（职能办公室、研究室）

定性与定量原则上按6：4的比例确定，其中，上级测评、同级以下测评和定量考评的3：3：4比例确定权重。定量考评主要与部门考核分挂钩。

定性与定量考核原则上按6：4的比例确定，其中，上级测评（所领导班子成员）、同级以下测评（全所职工）和定量考评（部门考核分）按3：3：4的比例确定权重。内设机构负责人的定量考评主要与部门考核分挂钩。

2. 其他工作人员

管理岗位人员、工勤技能岗位人员考核的定性与定量原则上按6:4的比例确定，其中，上级测评、同级以下测评和定量考评的3:3:4比例确定权重；专业技术岗位人员的定性与定量原则上按3:7的比例确定，其中，上级测评、同级以下测评和定量考评的2:1:7比例确定权重。

具体比例由各单位根据本单位实际情况可做适当调整，并明确具体考核主体。

管理岗位人员、工勤技能岗位人员考核的定性与定量原则上按6:4的比例确定，具体由上级测评（所领导班子成员、内设机构部门负责人）、同级以下测评（全所职工）和定量考评（管理人员为办公室部门考核分，工勤技能岗位人员为研究室、课题组或科技平台部门考核分）按3:3:4的比例确定权重；专业技术岗位人员的定性与定量原则上按3:7的比例确定，具体由上级测评（所领导、内设机构部门负责人）、同级以下测评（全所职工）和科研人员定量考评按2:1:7的比例确定权重。

七、考核实施

（一）考核组织

1. 成立单位绩效考核工作组

由所长、书记为总负责人，分管人事所领导任组长、各办公室负责人组成。在所务会统一领导下负责对绩效考核工作指导、协调、评价等管理工作。

绩效考核工作组在所务会的统一领导下，负责对全所的绩效考核工作进行指导、协调、评价等管理工作。绩效考核工作组下设部门考核工作小组，负责绩效考核的具体工作。

2. 部门考核工作小组

在所考核工作组的领导下，具体负责我所内设机构（职能办公室、研究室、课题组、科技平台）的考核和各内设机构负责人及其他工作人员的考核工作。具体分组及成员名单如下：略。

（二）考核程序

1. 内设机构考核程序

（1）自评。各内设机构根据年度工作目标和考核方案，形成自评材料，总结年度重要工作，特别是定量考核指标完成情况。

（2）定性评价：召开全所职工大会，开展上级（所领导班子成员）测评和职工测评。

（3）定量评价。根据各内设机构上报的自评材料（会前需经职能办公室审核相关定量考核指标完成情况），采取现场评价的方式开展定量考评，由所绩效考核工作组对内设机构进行考评打分。

（4）初审。所部门考核工作小组对定性、定量指标的得分进行统计排序、提名。

（5）审定。所绩效考核工作组根据绩效考核结果决定考核等级意见。

（6）将各内设机构的考核结果在所内进行公示。

（7）反馈。将考核结果以书面形式反馈给各内设机构。

2. 工作人员考核程序

（1）开展民主测评、定量考评。召开全所职工大会开展上级领导测评（所领导班子成员）、同级以下（全所职工）测评，组织开展定量考评。

（2）拟定工作人员考核等次，报所绩效考核工作组审核。

（3）考核结果以书面的形式在所内公布。

（三）考核结果

1. 内设机构考核结果

明确内设机构考核分计算公式和等级（分为优秀、良好、一般、较差)，以及优秀比例。

内设机构考核分=上级测评分×权重+职工测评分×权重+定量考评分×权重。内设机构考评分以100分为标准，内设机构考评等次分为优秀（≥85分）、称职（≥70分）、基本称职(60~69分)、不称职（<60分）4个等次。

推荐为优秀等次的内设机构数量不超过实际参加考核内设机构的40%，确定为优秀等次的数量不超过实际参加考核数量的20%（小数点后的数字只舍不入)。考核为优秀等次的内设机构的民主测评优秀率须在30%以上、优秀率和称职率合计须在80%以上。

2. 工作人员考核结果

工作人员考核分=上级测评分×权重+同级以下测评分×权重+定量考核分×权重。考核综合分以100分为标准，个人考核等次分为优秀（≥85分)、称职（≥70分)、基本称职（60~69分)、不称职（<60分）4个等次。

推荐为优秀等次人数不得超过实际参加考核人数的40%，确定为优秀等次人数不得超过实际参加考核人数的20%（小数点后的数字只舍不入)。考核为优秀等次人员民主测评优秀率须在30%以上、优秀率和称职率合计须在80%以上。

八、考核结果的运用

（一）内设机构考核结果的运用

明确内设机构考核结果与部门负责人及工作人员奖惩挂钩细则。

(1) 各内设机构的考核结果作为内设机构负责人考核、评优评先和绩效奖罚的重要依据。

(2) 实施正面激励机制。对年终考核结果为优秀档次的内设机构进行表彰和奖励。

(3) 建立健全惩处机制。年终考核结果为一般和较差档次的内设机构，内设机构负责人原则上不得评为优秀。

（二）工作人员考核结果的运用

明确工作人员考核结果与个人奖励性绩效工资、岗位聘用等直接挂钩细则。

（1）考核结果与岗位聘用挂钩。考核结果作为对岗位进行竞岗、动态调整和续聘、低职（级）高聘、高职（级）低聘、解聘或降职聘任的基本依据。

同一职位连续3年被确定为称职以上等次的，具有职务晋升资格；连续两年被确定为优秀等次的，具有低职（级）高聘资格。年度被确定为基本称职的，一年内不得晋升职务、一般不公派出国（境）。年度被确定为不称职的，可责令其辞去现任职务、高职（级）低聘、降职使用或者免去其现任职务，连续两年考核被确定为不称职等次的，予以辞退、解聘。

（2）考核结果与个人奖惩挂钩。年度考核结果作为个人绩效工资分配、评先评优和个人培养的主要依据。

（3）对在年度考核中基本称职和不称职票之和超过20%的人员，要进行提醒谈话；对在年度考核中，被定为基本称职等次的人员，要进行诫勉谈话。

（4）对无正当理由不参加年度考核的，经教育后仍然拒绝参加的，直接确定其考核结果为不称职等次。

九、有关规定

（一）特殊对象的考核

（1）“双肩挑”人员年度考核以管理岗位所在单位考核结果确定考核等次；科级及非双肩挑的处级干部按管理岗位进行考核；平台负责人兼处级干部归属科技岗位，双肩挑的职能部门负责人归属管理岗位进行考核。

（2）在两个单位间任管理岗位人员，考核以主要任职岗位所在单位为主，结合兼任职务岗位量化考核结果综合确定考核等次。承担多个岗位的人员根据各个岗位定量考核结果，结合各个岗位权重综合确定考核等次。

(3) 挂职锻炼人员挂职期间考核。在院内挂职的，在所里参加考核，我所根据挂职人员测评结果，结合接收单位意见综合确定考核等次；由上级政府部门选派到院外挂职人员，挂职期间可由接收单位负责考核，考核结果由接收单位人事部门反馈到所内。

(4) 新录用人员在试用期内参加年度考核，但只写评语，不确定考核等次，考核情况作为任职、定级的依据。

(5) 年度因病、事假、非单位派出学习或其他原因累计时间超过考核年度半年的，不得参加本年度的年度考核；本年度休产假超过半年的，考核等次不能确定为优秀等次；本年度退休人员不参加年度考核。

(6) 受党纪、行政处分和涉嫌违法违纪被立案调查尚未结案的或停职检查尚未有结果的，按农业部考核工作有关规定执行。

(二) 复核与申诉

对考核核定等次不服的，可以按有关规定向所内申请复核和申诉。

(三) 回避与责任追究

考核工作实行回避制度和责任追究制度。对被考核工作人员弄虚作假申报工作绩效，造成不良影响或后果的，追究相关人员的责任。工作人员考核工作中弄虚作假、徇私舞弊或打击报复、泄露秘密者，要严肃处理。

十、附则

(一) 本指导性意见自××日起实施，上级主管部门有规定的，从其规定。

(二) 本办法由所务会负责解释。

附件：

（1）专业技术人员绩效考核办法（定量考核部分，为个体绩效，年度考核与聘期考核相结合。年度考核作为晋升、评聘以及年终奖励的依据；聘期考核作为是否续聘的依据）。

（2）职能办公室和研究室绩效考核指标体系（作为部门绩效考核，要反映组织目标任务，可操作、边界清晰，体现高效度和高信度）。

附件1：《××研究所专业技术岗位绩效考核办法》

为建立科学、合理的科技人员工作业绩考核评价体系机制，充分发挥科技人员的积极性和创造性，鼓励科技人员多出成果，进一步提升我所的科技创新水平与成果转化能力，根据××文件的精神，结合我所实际情况，特制定本实施办法。

一、考评对象与范围

（一）考评对象

考核对象为担任专业技术岗位系列的二至十三级岗位人员。

（二）考评范围

考核范围为考核期内专业技术人员的业务技术水平、履行岗位职责和完成各单位科研工作预期目标的实际工作业绩。主要包括承担科研任务、取得科研成果、授权知识产权、发表论文与著作、科技成果转化、科技推广与服务、科技条件建设、人才培养与引进、科技交流合作及科技管理等方面。

二、考评指标体系及分值计算

考评指标由评价指标和扣分指标两部分构成，并设定调整系数。

（一）评价指标

依据我所实际，××年科技人员考评指标共11项：包括科研任务指标（A1）、科技成果指标（A2）、知识产权指标

(A3)、论文与著作指标（A4）、科技成果转化指标（A5）、科技推广服务指标（A6）、科技条件建设指标（A7）、人才培养指标（A8）、科技交流合作指标（A9）和科技管理指标（A10）。

（二）分值计算

科技人员的科研工作量采用分项计分，单项得分不封顶，考核期内逐项累加。

计算公式为：W =［（主要指标得分累加 ×70% + 其他指标累加 ×30%） – 扣分指标得分］÷（G1 × G2 × G3 × D × N）

式中：W 为总积分，G1 为个人岗位责任调整系数，G2 为个人从事技术领域调整系数，G3 为个人从事学科调整系数，D 为单位性质调整系数，N 为考核期调整系数。

三、评价指标标准

（一）科研任务指标

科研任务计分标准以科技人员在考核期内主持或参加获批立项科研项目、获取经费，以及推选上报未获立项等积分组成。计算公式为：$A_1 = \Sigma X_i C_i P_i + \Sigma Y_i C_i P_i$。式中：

X_i——第 i 项科研项目的正式获批立项级别分值（基础分值 + 经费分值），赋值标准见表 1。

C_i——第 i 项科研项目的单位参与系数，C 值若为一级承担单位赋 1，二级承担单位赋 0.6，三级承担单位赋 0.4。

P_i——第 i 项科研项目的个人参与系数，P 值项目主持人为 1，执行负责人、主笔人为 0.5，执行骨干、子项目负责人、子项目主笔人为 0.3，其他成员均计为 0.15。

Y_i——第 i 项申报科研项目经推选上报未立项级别分值，赋值标准见表 1。

Q_i——第 i 项科研项目在考核期内实际获取的科研经费额（单位为万元）。

表1　科技项目计分标准

项目级别		立项分值（分/项）	未立项分值（分/项）
国际、国家级项目	重点项目	$30+0.8\times Q_i$	6
	一般项目	$25+0.8\times Q_i$	5
省部级项目	重点项目	$20+0.8\times Q_i$	5
	一般项目	$15+0.8\times Q_i$	4
横向联合项目		$10+0.8\times Q_i$	3
院市级项目		$6+0.8\times Q_i$	2

注：国家级重点项目指国家863、973、国家科技攻关项目、国家科技支撑计划、国家自然科学基金重点（大）项目、国家转基因生物新品种培育重大专项、国家杰出青年科学基金项目；部级重点项目指948、行业科技项目、国家现代农业产业技术体系项目、跨越计划；基本业务费专项项目立项中的成果孵化项目不计入内

（二）科技成果指标

科技成果计分标准以科技人员在考核期内获得的院市级及以上科技成果、标准与奖励积分组成。计算公式为：$A_2=\Sigma X_i C_i P_i$。式中：

X_i——第i项科技成果级别分值，赋值标准见表2。同一成果同年度验收、鉴定、获不同级别奖项，不同年度验收、鉴定、获取不同级别奖项，分值可进行累加。

C_i——第i项科技成果的单位参与系数，C值若为第1完成单位赋1，第2、3完成单位赋0.5，其他赋0.3。

P_i——第i项科技成果的个人参与系数，P值第1完成人为1，第2、第3完成人为0.5，第4、第5完成人为0.3，其他成员均计为0.15。相同贡献人员计分按相同贡献人员之排名计分总和，除以相同贡献人员总数。

表 2　科研成果计分标准

类别	级别	分值（分/项）
成果奖励	国际重大科技成果奖	1 000
	国际一般科技成果奖	500
	国家自然科学一等奖	900
	国家发明一等奖	800
	国家科技进步一等奖	700
	国家自然科学二等奖	550
	国家发明二等奖	500
	国家科技进步二等奖	450
	神农科技奖及其他部级成果一等奖、省级科技成果特等奖	280
	省级科技成果一等奖	230
	部、省级科技成果二等奖	180
	部、省级科技成果三等奖	130
	院市级科技成果一等奖	70
	院市级科技成果二等奖	50
	院市级科技成果三等奖	40
鉴定成果	鉴定国际领先水平	50
	鉴定国际先进水平、部分领域国际领先水平	48
	鉴定国际先进水平、国内领先水平	45
	鉴定国际先进水平、部分领域国内领先水平	43
	鉴定国内先进水平	40
项目验收	国家级科技项目验收（结题）	40
	省部级科技项目验收（结题）	35
	院市级科技项目验收（结题）	30

（续表）

类别	级别	分值（分/项）
标准	制定国家标准	50
	修订国家标准	25
	制定行业标准	40
	修订行业标准	20
	制定地方标准	30
	修订地方标准	15

（三）知识产权指标

知识产权计分标准以科技人员在考核期内被授权的专利、通过国家登记专有产品权、植物新品种权、软件著作权等知识产权与奖励积分组成，计算公式为：$A_3 = \Sigma X_i C_i P_i$。式中：

X_i——第 i 项知识产权级别分值，赋值标准见表 3。

C_i——第 i 项知识产权的单位参与系数，C 值若为第 1 完成单位赋 1，第 2、3 完成单位赋 0.5，其他赋 0.3。

P_i——第 i 项知识产权的个人参与系数，P 值第 1 完成人为 1，第 2、3 完成人为 0.5，第 4、5 完成人为 0.3，其他成员均计为 0.15。

表 3　知识产权计分标准

类别	级别	分值（分/项）
专利	国际授权专利	100
	国家发明专利	60
	国家实用新型专利	30
	国家外观设计专利	10
	中国专利金奖	150
	中国专利优秀奖	100
	中国外观设计金奖	50
	中国外观设计优秀奖	30

（续表）

类别	级别	分值（分/项）
植物新品种	通过国家品种审定	200
	通过省级评审	100
专有产品	农药、肥料、添加剂、兽药等	60
版权	软件著作权	50
	光碟制品版权	25

（四）论文与著作指标

论文与著作计分标准以科技人员在考核期内在各类正式刊物发表的学术论文、科普文章，经出版社出版的教材、学术著作、编著、译著及论文集等积分组成。计算公式为：$A_4 = \sum X_i C_i P_i + \sum Y_i C_i P_i$。式中：

X_i——第 i 项论文级别分值，赋值标准见表 4。

C_i——第 i 项论文与著作的单位参与系数，C 值若为第 1 完成单位赋 1；否则赋 0.5。

P_i——第 i 项论文与著作的个人参与系数，P 值第 1 作者和通讯作者、主编（译）为 1，第 2 作者、副主编（译）为 0.5，第 3 作者、参编（译）为 0.3，其他作者为 0.15。相同贡献作者计分按相同贡献作者之排名计分总和，除以相同贡献作者总数。

Y_i——第 i 项著作级别分值（基础分值 + 字数分值），赋值标准见表 5。国外出版社出版学术著作、编著指需以外语出版，国外出版社出版译著指中文翻译成外语。再版按 30% 计算。

Q_i——第 i 项著作的字数（单位为万字）。

表4 学术论文计分标准

刊物类别	论文级别	分值（分/篇）
期刊	四大索引收录期刊的论文	50+（n+IF）×10
	国家一级学会主办学报类刊物论文	20
	国内核心期刊论文、国外其他刊物	15
	一般学术刊物论文	8
论文集	国际学术会议论文集论文	10
	国内学术会议论文集论文	5

注：IF为四大索引（SCI、EI、ISTP、ISR）影响因子，当IF≤1时，n为1；当1＜IF≤5时，n为2；当5＜IF≤10时，n为3；当10＜IF时，n为4。国内核心期刊论文指中文核心期刊和CSSCI（中文社会科学引文索引）收录的刊物。同一论文被多种检索刊物收录，按最高级别计算

表5 学术著作计分标准

著作类别	出版社级别	分值（分/部）
教材	国家级	50+2×Q
	省市级	40+2×Q
专著	国外	50+2×Q
	国家级	40+2×Q
	省市级	30+2×Q
编著	国外	40+2×Q
	国家级	30+2×Q
	省市级	20+2×Q
译著	国外、国家级	20+1.5×Q
	省市级	15+1.5×Q
论文集	国家级	15+1.5×Q
	省市级	10+1.5×Q

（五）科技成果转化指标

科技成果转化计分标准以科技人员在考核期内主持或参加的种苗种子、农药、生物制品、专有产品、软件、装备等产品开发，科技检测、咨询、查新、规划服务为基础，再结合科技产品（服务）转让、销售收入来计算。计算公式为：$A_5=\Sigma X_i C_i P_i$。式中：

X_i——第 i 项科技产品（服务）级别分值（基础分值 + 收入分值），赋值标准见表 6。

C_i——第 i 项产品（服务）的单位参与系数。C 值若为第 1 完成单位赋 1；否则赋 0.5。

P_i——第 i 个科技产品（服务）的个人参与系数，P 值第 1 完成人为 1，第 2、3 完成人为 0.5，第 4、5 完成人为 0.3，其他成员均计为 0.1。

Q_i——第 i 项科技产品（服务）在考核期内收入（单位为万元）。

表 6　科技成果转化计分标准

类别	级别	分值（分/项）
有形产品	高新技术新产品	$40+0.1\times Q$
	一般新产品	$30+0.1\times Q$
	更新换代产品	$15+0.1\times Q$
	现有高新技术产品	$10+0.1\times Q$
	现有其他产品	$5+0.1\times Q$
服务产品	高新技术服务	$30+0.2\times Q$
	现有技术服务	$5+0.2\times Q$

（六）科技推广服务指标

科技推广服务计分标准以科技人员在考核期内主持或参加的科技推广示范、科技培训、科技下乡、科技公益、应急服务积分组成。计算公式：$A_6 = \Sigma X_i C_i P_i$。式中：

X_i——第 i 项科技推广服务级别分值，赋值标准见表 7。推广示范基地、科技服务产值按当年推广应用的新增社会收益估算；科技下乡服务须提供相关上级通知或照片、签到表。

C_i——第 i 项科技推广服务的单位参与系数。C 值若为第 1 完成单位赋 1；否则为 0.5。

P_i——第 i 项科技推广服务的个人参与系数，所内组织的 P 值记为 1，课题组组织的 P 值第 1 完成人为 1，第 2、3 完成人为 0.5，第 4、5 完成人为 0.3，其他成员均计为 0.1。

表 7　科技推广服务计分标准

类别	级别	分值
科技推广示范	推广示范项目、基地收益 1 000 万元以上	30 分/年
	推广示范项目、基地收益 701 万 ~1 000 万元	25 分/年
	推广示范项目、基地收益 401 万 ~700 万元	20 分/年
	推广示范项目、基地收益 201 万 ~400 万元	15 分/年
	推广示范项目、基地收益 51 万 ~200 万元	10 分/年
	推广示范项目、基地收益 50 万元以下	5 分/年
科技培训	国外组织科技培训	0.2 分/人次
	部省级组织科技培训	0.15 分/人次
	院所级组织科技培训	0.1 分/人次
科技下乡	国外组织科技下乡	2 分/人天
	部省级组织科技下乡	1.5 分/人天
	院所级组织科技下乡	1 分/人天

（七）科技条件建设指标

条件建设计分标准以科技人员在考核期内主持或参加的等科技平台（重点实验室、改良中心、工程技术研究中心、检测中心等）获批或在建，科技信息平台、科技期刊等支撑条件获批或在建，以及科研基地（示范基地、原种基地、观测台站、种质资源圃）等项目获批或在建积分组成。计算公式为：$A_6 = \Sigma X_i C_i P_i + \Sigma Y_i C_i P_i$。式中：

X_i——第 i 项科技条件建设项目获批或在建级别分值，赋值标准见表 8。

C_i——第 i 项科技条件建设的单位参与系数。C 值若为第 1 完成单位赋 1；否则赋 0.5。

P_i——第 i 项科技条件建设的个人参与系数，P 值第 1 完成人（负责人、总编）为 1，第 2、3 完成人（申报人、副总编）为 0.5，第 4、5 完成人（主要参加人、责任编辑）为 0.3，其他成员均计为 0.1。

Y_i——第 i 项科技条件建设项目获批或在建级别分值（由基础分值 + 收入分值构成），赋值标准见表 8。

Q_i——第 i 项科研基地建设项目在考核期内实际到位经费（单位为万元）。

表 8　条件建设计分标准

类别	级别	新获批分值（分/项）	建设分值（分/项）
科技平台	国家级科技平台	100	20
	开放性国际联合科技平台	80	16
	国家级科技子平台	70	14
	部级科技平台	50	10
	部级科技子平台	40	8
	省级科技平台	30	6
	院市级科技平台	20	4

（续表）

类别	级别	新获批分值（分/项）	建设分值（分/项）
支撑平台	国家级信息平台、科技期刊	60	12
	省部级信息平台、科技期刊	40	8
	院市级信息平台、科技期刊	20	4
科研基地	国家级科研基地	$20+0.03\times Q$	$4+0.03\times Q$
	省部级科研基地	$15+0.03\times Q$	$3+0.03\times Q$
	院市级科研基地	$10+0.03\times Q$	$2+0.03\times Q$

（八）专业人才培养指标

专业人才培养计分标准以科技人员在考核期内作为导师培养研究生、指导客座人员及组建科技创新团队积分组成。计算公式为：$A_8=\Sigma X_i P_i$。式中：

X_i——第 i 项人才培养级别分值，赋值标准见表 9。

P_i——第 i 项人才培养指导、或带头组建科技创新团队、或牵头课题组引进高层次人才的个人参与系数，P 值第一责任人为 1，第二责任人为 0.3。

Q_i——第 i 项人才培养被评为优秀增加分值，赋值标准见表 9。

表 9　专业人才培养计分标准

类别	级别	分值
培养研究生	博士研究生、博士后	$(5+2\times Q)$ 分/人
	硕士研究生	$(3+1\times Q)$ 分/人
指导客座人员	国外客座人员	4 分/人
	国内客座人员	2 分/人
培养创新团队	省部级科技创新团队	$(20+10\times Q)$ 分/个
	院级科技创新团队	$(10+5\times Q)$ 分/个

注：客座人员指来本单位从事研究、开发工作 3 个月以上的人员。

（九）科技交流合作指标

科技交流合作计分标准由科技人员考核期内举办、主办、参加各类学术会议、培训班、交流访问、科普活动，以及参与项目评审、成果验收鉴定的积分组成（以正式书面通知为凭），计算公式为：$A_9 = \Sigma X_i C_i P_i$。式中：

X_i——第 i 项科技交流合作级别分值，赋值标准见表 10。交流访问每 3 个月计算 1 次，少于 3 个月按 1 次计算。

C_i——第 i 项科技交流合作的单位参与系数。C 值若为举办、主办单位赋 1；否则赋 0.5。

P_i——第 i 项科技交流合作的个人参与系数，P 值主持人（发起人）、特邀报告人、组长为 1，会议副主持人（发起人）、交流报告人、副组长为 0.5，会务组参与人员、参加人为 0.3。

表 10　科技交流合作计分标准

类别	级别	分值（分/次）
会议、培训、活动	国际性学术会议、培训班、交流访问、科普活动	20
	全国性学术会议、培训班、交流访问、科普活动	15
	地区性学术会议、培训班、交流访问、科普活动	10
	院内学术会议、培训班、交流访问、科普活动	5
专业评审、验收、鉴定	国际科技项目评审、成果验收鉴定	12
	国家级科技项目评审、成果验收鉴定	10
	省部级科技项目评审、成果验收鉴定	8
	院市级科技项目评审、成果验收鉴定	4

（十）科技管理指标

对于同时承担行政管理与科研工作的“双肩挑”、兼职人员，科技人员从事行政管理职务、议事机构职务、科技与支撑平台（指已批准正常运行）、产业技术体系、重点学科和其他社会学术机构职务，以及挂职锻炼、个人荣誉奖积分组成。计算公式为：$A_{10}=\Sigma X_i C_i P_i+\Sigma Y_i$。式中：

X_i——第 i 项科技管理职务级别分值，赋值标准见表 11。

C_i——第 i 项科技管理的单位参与系数。C 值若为我院成立的单位或机构赋 1；社会机构赋 0.5。

P_i——第 i 项科技管理的个人参与系数，对身兼多个职务人员 P 值最多计算 3 个，按最高的 1 个职务为 1，第 2 个职务为 0.4，第 3 个职务为 0.2。

Y_i——第 i 项挂职锻炼、个人荣誉奖级别分值，赋值标准见表 11。

表 11　科技管理计分标准

类别	级别	分值（分/项）
行政职务	正局级（含享受、比照正局级）	36
	副局级（含享受、比照副局级）	32
	正处级（含享受、比照正处级）	24
	副处级（含享受、比照副处级、研究室主任）	20
	正科级（含享受、比照正科级、研究室副主任）	10
	课题组长	5
	信息联络员	2
科技体系职务	国家级科技（支撑）平台正职、产业技术体系首席科学家、重点学科带头人	30
	国家级科技（支撑）平台副职、产业技术体系岗位专家、重点学科骨干专家	25
	省部级科技（支撑）平台正职、院级产业技术体系牵头专家、重点学科带头人，国家级产业技术体系实验站站长	20
	省部级科技（支撑）平台副职、院级产业技术体系岗位专家、重点学科骨干专家	15
	院级科技平台正职	10
	院级科技平台副职	5

（续表）

类别	级别	分值（分/项）
社会学术机构职务	国家级、一级学会社会学术机构正职	25
	国家级、一级学会社会学术机构副职	20
	国家级、一级学会社会学术机构成员	10
	省级、二级学会社会学术机构正职	15
	省级、二级学会社会学术机构副职	10
	省级、二级学会社会学术机构成员	5
挂职锻炼	国外挂职锻炼	20
	国内挂职锻炼	15
	省内挂职锻炼	10
	院内挂职锻炼	5
个人荣誉奖	国际科技类荣誉奖	40
	国家级科技类荣誉奖	30
	省部级科技类荣誉奖	20
	院市级科技类荣誉奖	10

注：统计兼职岗位不得与管理人员定量考核统计重复

四、扣分指标

（一）凡在考核期内未完成科研项目任务（B_1），项目审计发现重大问题（B_2），发生技术泄密事件、发现学术腐败行为（B_3），对科技人员实行扣分。

（二）扣分指标标准

1.《项目科技合同书》规定期限后未提交完整研究报告或验收材料的项目（由于客观原因，立项主管部门批准后除外），扣除个人参与该科技项目计分。方法如下：$B_1 = \Sigma 0.2 T_i X_i C_i P_i$。式中：$T_i$——按考核期计算的科研项目 i 的延期年限，其他字母含义同科研任务指标。

2. 项目审计发现重大问题没能通过验收，根据严重程度扣除个人参与该科技项目计分的 50% ~70% 比例（S_i）。计算公式：$B_2 = \Sigma X_i C_i P_i S_i$，字母含义同科研任务指标。

3. 科技人员发生技术泄密事件、发现学术腐败行为，根据严重程度扣除个人总分的 30% ~70% 比例（S_i）。计算公式：$B_3 = (A_1 + A_2 + A_3 + A_4 + A_5 + A_6 + A_7 + A_8 + A_9 + A_{10}) S_i$。

五、定量考评调整系数

（一）考评个人调整系数

1. 从个人岗位责任绩效工资系数（G1）考虑，担任二级至十三级专业技术岗位的科技人员，定量考评积分调整参考系数为1.5～0.4。

2. 从个人从事技术领域（G2）考虑，从事基础研究、应用研究、科学技术成果转化与产业化、软科学研究、科技服务与实验技术工作的科技人员，定量考评积分调整参考系数分别为0.9、1.0、0.9、0.8、0.7。

（二）考评单位调整系数

从单位性质和基础考虑，在非营利性所、拟转企所、事业单位、院机关、附属单位工作的科技人员，定量考评积分调整参考系数（D）为1.1、1.0、0.95、0.9、0.8。

（三）考评时间调整系数

从科研工作需要较长时间的积累实际情况考虑，考核期为年度工作考评和聘期工作考评调整参考系数（N）为0.9、0.9÷聘期年数。

六、定量考评方法

（一）专技岗位年度工作考评一般在年底进行，聘期工作考评按技术岗位聘期结束后一个月内进行。

（二）为了保证考评科学、合理和公平，定量考评调整系数可根据考评实施过程实际情况进行动态调整，总积分根据情况确定最高限。

（三）定量考评应公正地衡量每位科技人员的工作业绩，一切数据均需提供旁证材料。如发现弄虚作假，将对当事人进行通报批评并予以相应处分。

七、附则（略）

八、附表：专业技术人员工作考评表

专业技术人员工作考评表

姓名：　　专技岗位：　　受聘部门：　　是否双肩挑：　　考评年限：2012 年

考评指标	考评项目		计分标准										
A_1 科研任务	$A_{1.1}$	立项课题	名称	级别	X_i	经费（万元）	Q_i	单位排名	C_i	个人排名	P_i		分值
			1.										
			2. …										
	$A_{1.2}$	未立项课题	名称	级别	Y_i			单位排名	C_i	个人排名	P_i		分值
			1.										
			2. …										
	A_1 小计		$A_1 = A_{1.1} + A_{1.2} = \Sigma X_iC_iP_i + \Sigma Y_iC_iP_i$，$X_i$ = 基础分值 $+ 0.8Q_1$										
A_2 科研成果	$A_{2.1}$	科技奖励	名称	级别	X_i			单位排名	C_i	个人排名	P_i		分值
			1.										
			2. …										
	$A_{2.2}$	鉴定成果	名称	级别	X_i			单位排名	C_i	个人排名	P_i		分值
			1.										
			2. …										
	$A_{2.3}$	项目验收	名称	级别	X_i			单位排名	C_i	个人排名	P_i		分值
			1.										
			2. …										
	$A_{2.4}$	标准	名称	级别	X_i			单位排名	C_i	个人排名	P_i		分值
			1.										
			2. …										
	A_2 小计		$A_2 = A_{2.1} + A_{2.2} + A_{2.3} + A_{2.4} = \Sigma X_iC_iP_i$										

（续表）

考评指标	考评项目		计分标准										
A_3 知识产权	$A_{3.1}$	专利	名称	级别	X_i			单位排名	C_i	个人排名	P_i		分值
			1.										
			2. …										
	$A_{3.2}$	植物新品种保护权	名称	级别	X_i			单位排名	C_i	个人排名	P_i		分值
			1.										
			2. …										
	$A_{3.3}$	专有产品	名称	级别	X_i			单位排名	C_i	个人排名	P_i		分值
			1.										
			2. …										
	$A_{3.4}$	版权	名称	级别	X_i			单位排名	C_i	个人排名	P_i		分值
			1.										
			2. …										
	A_3 小计		$A_3 = A_{3.1} + A_{3.2} + A_{3.3} + A_{3.4} = \sum X_i C_i P_i$										
A_4 论文、著作	$A_{4.1}$	发表论文	名称	级别	X_i	影响因子	n_i	单位排名	C_i	个人排名	P_i		分值
			1.										
			2. …										
	$A_{4.2}$	出版论著	名称	级别	Y_i	字数（万字）	Q_i	单位排名	C_i	个人排名	P_i		分值
			1.										
			2. …										
	A_4 小计		$A_4 = A_{4.1} + A_{4.2} = \sum X_i C_i P_i + \sum Y_i C_i P_i$，$X_i$ = 基础分值 +（n + IF）×10，Y_i = 基础分值 + 2 或 1.5 × Q										

（续表）

考评指标	考评项目		计分标准										
A_5 成果转化	$A_{5.1}$	有形产品	名称	级别	X_i	收入（万元）	Q_i	单位排名	C_i	个人排名	P_i		分值
			1.										
			2. …										
	$A_{5.2}$	服务产品	名称	级别	X_i	收入（万元）	Q_i	单位排名	C_i	个人排名	P_i		分值
			1.										
			2. …										
	A_5 小计		$A_5 = A_{5.1} + A_{5.2} = \Sigma X_i C_i P_i$，$X_i$ = 基础分值 +0.1 或 $0.2Q_1$										
A_6 科技推广服务	$A_{6.1}$	推广示范	名称	级别	X_i			单位排名	C_i	个人排名	P_i		分值
			1.										
			2. …										
	$A_{6.2}$	科技培训	名称	级别	X_i			单位排名	C_i	个人排名	P_i		分值
			1.										
			2. …										
	$A_{6.3}$	科技下乡	名称	级别	X_i			单位排名	C_i	个人排名	P_i		分值
			1.										
			2. …										
	A_6 小计		$A_6 = A_{6.1} + A_{6.2} + A_{6.3} = \Sigma X_i C_i P_i$										

（续表）

考评指标	考评项目		计分标准										
A_7 条件建设	$A_{7.1}$	科技平台	名称	级别	X_i			单位排名	C_i	个人排名	P_i		分值
			1.										
			2. …										
	$A_{7.2}$	支撑平台	名称	级别	X_i			单位排名	C_i	个人排名	P_i		分值
			1.										
			2. …										
	$A_{7.3}$	科研基地	名称	级别	Y_i	经费（万元）	Q_i	单位排名	C_i	个人排名	P_i		分值
			1.										
			2. …										
	A_7 小计		$A_7 = A_{7.1} + A_{7.2} + A_{7.3} = \Sigma X_iC_iP_i + \Sigma Y_iC_iP_i$，$Y_i$ = 基础分值 $+ 0.03 \times Q$										
A_8 人才培养	$A_{8.1}$	研究生培养	名称	级别	X_i	优秀	Q_i			个人排名	P_i		分值
			1.										
			2. …										
	$A_{8.2}$	客座人员	名称	级别	X_i					个人排名	P_i		分值
			1.										
			2. …										
	$A_{8.3}$	创新团队	名称	级别	X_i	优秀	Q_i			个人排名	P_i		分值
			1.										
			2. …										
	A_8 小计		$A_8 = A_{8.1} + A_{8.2} + A_{8.3} = \Sigma X_iP_i$，$X_i$ = 基础分值 + 1 或 2 或 5 或 $10 \times Q$										

（续表）

考评指标	考评项目		计分标准										
A_9 科技交流合作	$A_{9.1}$	会议、培训、活动	名称	级别	X_i			单位排名	C_i	个人排名	P_i		分值
			1.										
			2. …										
	$A_{9.2}$	专业评审、验收、鉴定	名称	级别	X_i					个人排名	P_i		分值
			1.										
			2. …										
	A_9 小计		$A_9 = A_{9.1} + A_{9.2} = \Sigma X_i C_i P_i$										
A_{10} 科技管理	$A_{10.1}$	管理职务	名称	级别	X_i			单位排名	C_i	个人排名	P_i		分值
			1.										
			2. …										
	$A_{10.2}$	个人挂职、荣誉奖	名称	级别	Y_i								分值
			1.										
			2. …										
	A_{10} 小计		$A_{10} = A_{10.1} + A_{10.2} = \Sigma X_i C_i P_i + \Sigma y_i$										

（续表）

考评指标	考评项目		计分标准										
B 扣分	B_1	科研任务	名称	级别	X_i	经费	Q_i	单位排名	C_i	个人排名	P_i	T_i	分值
			$B_1=\Sigma 0.2T_iX_iC_iP_i$，$T_i$ 为延期年限										
	B_2	项目审计	名称	级别	X_i	经费	Q_i	单位排名	C_i	个人排名	P_i	Si	分值
			$B_2=\Sigma X_iC_iP_iS_i$，S_i 为扣除项目分比例										
	B_3	技术泄密、学术腐败	名称	级别								Si	分值
			$B_3=(A_1+A_2+A_3+A_4+A_5+A_6+A_7+A_8+A_9+A_{10}+A_{11})S_i$，$S_i$ 为扣除个人总分比例										
调整系数			个人岗位责任	G_1	个人从事技术领域		G_2	个人从事学科		G_3	单位性质		D
			评价时间	N									
W 总计分值			$[(A_1+A_2+A_3+A_4)\times 70\%+(A_5+A_6+A_7+A_8+A_9+A_{10})\times 30\%-B_1-B_2-B_3]/G_1\times G_2\times G_3\times D\times N$										

注：X_i、Y_i 为第 i 项级别分值，C_i 为第 i 项单位参与系数，P_i 为第 i 项个人参与系数，Q_i 为第 i 项增加数值，G 为个人调整系数，D 为单位性质调整系数，N 为考核期调整系数

2014 年综合办公室绩效考核指标体系（以综合办为例，其他职能办参照制定）

考核部门	一级指标	二级指标	分值	评分标准	备注
综合办公室	（一）人事人才（权重32%）	1. 体制机制创新：人才管理制度、人才规划、人才投入保障、人才工作流程和人事档案管理制度	25	每项5分，共25分	
		2. 三类岗位优化比例：专技人员占三类岗位比例	22	专技岗位占岗位总数70%	
		3. 高级专业技术人员比例：高级专业技术人员与专技人员的比例	22	副高级以上专业技术人员数占专业技术人员的30%	
		4. 一线科技人员结构：新增一线科技人员增长率	17	力争达到增长指标为10%，低于1个百分点减2分	
		5. 博士学位人员增长数：具有博士学位专技人员增长数	8	基本分值为6分，每（增）减1人，增（减）1分	
		6. 高层次人才引进	4	基本分值2分，每新引进1人，奖励2分，最高分为4分	
		7. 博士后科研流动工作站培养博士	2	基本分值1分，每增加1人，奖励1分，最高分为2分	
	（二）综合治理（权重17%）	1. 安全稳定自查工作	50	对本单位安全稳定工作每月自查一次，发现隐患及时整改。安全稳定工作少检查一次扣5分（查自查记录）；隐患整改不到位扣5分	
		2. 建立定期消防安全检查和日巡查制度并实施	50	无日巡查、检查制度扣20分，每月检查一次，少一次扣5分	
	（三）行政宣传（权重17%）	1. 各类新闻稿件组织完成情况	50	组织完成每月10篇新闻稿件的上报工作，少1篇扣1分，直至扣完为止	
		2. 所网站建设	50	完成所网站的改版设计工作，及时做好各板块内容的更新，网站建设工作进展缓慢或对网站不及时更新扣10分	

（续表）

考核部门	一级指标	二级指标	分值	评分标准	备注
综合办公室	（四）党建（党风廉政）管理（权重34%）	1. 推进学习型党组织建设：落实理论中心组学习制度和组织上党课	20	组织理论中心组学习不少于8次，每少1次扣2分；组织上党课不少于3次，少1次扣2分	
		2. 推荐党的基层组织建设：换届选举，党员发展与管理	10	各党支部无故不按时换届改选扣2分；做好发展党员工作与党员档案管理，2014年发展党员3名以上，少发展1名扣2分	
		3. 落实民主评议党员、“三会一课”制度、民主生活会	10	严格落实民主评议党员、“三会一课”制度、民主生活会等党内生活制度，未开展民主评议党员工作的扣2分；“三会一课”活动不正常的扣2分；民主生活会未按期召开和无记录扣2分	
		4. 党风廉政建设	10	党风党纪、廉政教育等专题教育活动不少于2次，少1次扣5分	
		5. 特色党建主题活动	15	开展2次以上有特色的党建主题活动，少1次扣5分	
		6. 创新文化建设	15	制定所创新文化建设实施方案，并有效开展工作，未制定创新文化建设实施方案的扣5分，未按实施方案开展工作或进展缓慢的扣3分	
		7. 党的群众路线教育实践活动整改落实	10	整改进度和群众对整改落实满意度（10分）。职工群众对整改落实工作满意率低于90%的扣2分，满意率低于85%的扣4分，满意率低于80%的扣6分，扣完为止	
		8. 党建工作评议	10	党建工作民主评议与问题整改（10分）。年终党员对党建工作民主评议满意率低于90%的扣2分，低于85%的扣4分，低于80%的扣6分；对上年度考核中存在的问题未整改到位的扣2分，扣完为止	

2014 年各研究室绩效管核指标体系

一级指标	二级指标	分值	评分标准	备注
（一）科技创新（权重25%）	1. 科技创新体系建设	2	研究室履行“院科技创新体系建设指导性意见”情况	基础定量
	2. 科研管理队伍建设与指导	2	根据各研究室对本研究室科研人员的培训与指导情况以及平时上交的各类材料质量进行综合评分	
	3. 科研管理制度建设	2	研究室按照院所相应科研管理制度制定本研究室的科研管理制度情况。每少一项减 1 分	
	4. 科研档案管理	2	研究室按照院相应科研管理制度及时归档情况	
	5. 科技宣传	2	研究室及时宣传相关科研进展情况	
	6. 项目库建设	15	最高 15 分。该项得分 =15 × 年度研究室人均入库项目数 ÷ 全所当年人均入库项目数最大值	
	7. 承担研究课题指数	30	基本分值为 15 分；标准值：3 分/人。每增（减）1 分/人加（减）2 分	
	8. 科研经费预算执行进度95%	12	基本分值为 7 分；标准值为 95%；每增 1% 加 1 分，每减 1% 扣 2 分	
	9. 人均鉴定（评价）成果	18	基本分值 8 分，标准值 0.25 分/人；0.25 分/人。每增（减）0.1 分/人加（减）2 分	
	10. 人均获准知识产权和专有证书	20	基本分值 10 分；标准值 0.75 分/人；每增（减）0.1 分/人加（减）2 分	
	11. 人均获奖成果	24	基本分值 12 分；标准值 0.3 分/人；每增（减）0.1 分/人（标准人）加（减）3 分	
	12. 人均论文与著作	18	基本分值 10 分，标准值 1.25 分/人；每增（减）0.1 分/人加（减）0.5 分	

（续表）

一级指标	二级指标	分值	评分标准	备注
（一）科技创新（权重16%）	1. 申报一类项目		每减1项减25分	重点定量
	2. 项目库建设		每减1项减5分	
	3. 竞争性经费		每增（减）5%加（减）10分	
	4. 国家科技奖励的申报		每减1项减25分	
	5. 部省级科技奖励的申报		每减1项减5分	
	6. SCI收录的论文		每增（减）1项加（减）2.5分	
	7. SCI收录IF3.0以上论文		每增（减）1项加（减）5分，未完成IF10.0以上论文指标减10分	
	8. 授权发明专利		每增（减）1件加（减）2.5分	
	9. 重大基础性研究进展		未完成指标减5分	
	10. 申报筹建与验收评估		每少1项减2.5分	

备注：1. 各研究室的重点定量考核依据为附表1中重点定量部分的内容。2. 竞争性经费：竞争性经费＝当年到账经费－外拔经费－自主立项项目经费（如院所基本科研业务费、非营利性启动费、其他院所自主立项项目经费）。3. 重点定量部分的基准分为100分，在此基础上进行加减分。

（续表）

一级指标	二级指标	分值	评分标准	备注
（二）国际合作（权重8%）	1. 项目总经费	20	本项总分为20分，项目经费分值=20分×（本研究室2014年国际合作实际经费量/2014年下达的项目经费任务指标量）	
	2. 科技标准人员人均经费	10	科技标准人员人均国际合作经费得分=6+4分×（本研究室当年科技标准人员人均经费量/排名第一的研究室科技标准人员人均经费量）。如果本研究室当年无到位和无新立项国际合作项目经费，则该项得分为0分	
	3. 项目库建设成效	10	经所学术委员会专项委员会评审，项目建设效果达良好等次的得10分，优秀等次的另加1分，合格等次的得6分，合格以下等次的得1~3分。未建项目库的为0分	
	4. 提交所项目库指标完成率	5	提交所国际合作项目库指标完成率得分=5分×（本研究室实际提交项目数/当年入库项目任务数）	
	5. 领域带头人培养	5	培养或选拔某一国际合作领域带头人，得5分。每增加1名，奖励0.5分。研究室没有培养或选拔也没有确定带头人候选人的为0分	
	6. 领域团队建设	8	组建国际合作领域的团队，得4分。未达基本数量的，每少1个团队减2分；开展有成效的工作（获得项目资助、承担援外或为企业提供技术支撑等）得4分。本研究室没有组建国际合作团队的为0分	
	7. 选派骨干到国外学习	5	选派科研骨干到国外中长期培训、攻读学位，每派1人得1分，此项共5分。当年未派出人员为0分	
	8. 在国际组织任职	2	研究室有人在国际组织中任职，1分/人，此项共2分。当年无人员任职则为0分	
	9. 聘请中长期外籍专家	4	聘请中长期外籍专家来院工作，每聘请1名得1分，共4分。聘请2名以上专家，奖励1分。当年未聘专家为0分	
	10. 招收国外留学生	1	当年有新招收国外留学生的得1分，此项总分1分	

（续表）

一级指标	二级指标	分值	评分标准	备注
（二）国际合作（权重8%）	11. 出国交流、合作研究	2	完成当年因公出国分配指标任务，得2分，反之递减。当年因无项目、未分配出国指标的，则该项为0分	
	12. 举办国际学术会议或主办国际期刊	2	举办或承办国际学术会议外宾人数在30人以下的得1分/次，30人以上的得2分/次，此项总分2分；当年未举办或未承办国际学术会议的为0分	
	13. 邀请外宾来访作学术报告	2	邀请外宾来访作学术报告，每1次1分，此项总分2分。当年未邀请外宾作学术报告的为0分；邀请外宾作学术报告超过3次的，奖励1分	
	14. 签署国际或涉外合作协议	4	与国外相关机构签署国际科技合作协议或与国内企业签署涉外科技合作协议2分/份，此项总分4分。未签订协议的为0分，签订3份以上（含3份）的奖励1分	
	15. 承担国家援外任务或项目	6	承担国家技术援助任务，或赴海外执行国家援外项目，每派遣1人得2分，此项共6分。派遣2人及以上的研究室，奖励1分。当年未派人员为0分	
	16. 在境外为企业提供技术服务	4	派遣专家为国内企业“走出去”或境外企业提供技术服务（专家至少在国外为企业工作30天以上），每派遣1人得1分，此项共4分。当年未派人员为0分	
	17. 现有平台建设与交流成效	3	利用现有平台，开展国际合作项目、人才培养、学术交流取得成效的得3分，反之递减。已建平台但未开展任何国际合作工作的研究室，扣2分	
	18. 对外宣传	2	建立研究室英文网页并经常维护，得2分。未建英文网站为0分，建立后全年未更新内容4次以上，得1分	
	19. 管理制度	2	制定完善的国际合作管理制度的得2分	
	20. 制度执行	3	遵守国家、农业部及院所国际合作管理制度的得3分，违反相关规定的，每违反1次扣1分，最高扣3分	

备注：各研究室2014年国际合作重点工作目标见附表2。

（续表）

一级指标	二级指标	分值	评分标准	备注
（三）学术交流（权重3%）	1. 院相关制度履行情况	20	“院所学术委员会章程”和“院所学术交流工作指导性意见”履行情况，总分20分，综合评价，优秀计19分以上；良好18～18.9分；一般计17～17.9分；较差17分以下。出现学术不端行为的研究室该项计0分	
	2. 学风建设宣讲教育活动开展情况	10	总分10分，按要求开展宣讲教育活动计10分，未按要求开展得0分	
	3. 在本研究领域开展较大学术影响力的学术交流活动组织情况	10	总分10分，组织1次以上（含1次）计10分，未按要求组织得0分	
	4. 学术交流次数	10	比2013年增加10%，参加人次增加20%以上，总分10分，学术交流次数较上年度每增加1%计0.5分，参加人次较上年每增加2%计0.5分，分数相加为该项总分	
	5. 学术交流平台建设情况	10	总分10分，建立1个（含1个）以上的学术交流平台和1个研究生学术交流平台（无在读研究生的研究室不做要求）计10分，未建立的得0分	
	6. 挂靠的院所重点学科建设情况	10	总分10分，挂靠的院所重点学科开展1次（含1次）以上的学科建设研讨会计10分，未开展研讨的根据挂靠重点学科数量按比例减分	
	7. 内部学术交流开展情况	10	总分10分，开展1次（含）以上内部学术交流计10分，未按要求开展工作的，根据比例减分	
	8. 项目库入库学术审议和推荐工作情况	10	开展至少1次以上的项目库入库学术审议和推荐工作，并建立适合本学科领域的项目入库办法、学术评价标准。总分10分，按要求开展工作得10分，未按要求开展的根据挂靠数量按比例减分	

（续表）

一级指标	二级指标	分值	评分标准	备注
（三） 学术交流 （权重3%）	9. 制定年度计划，完善制度建设，圆满完成院学术委员会委托的学术交流工作安排	10	总分10分，按要求开展工作得10分，未按要求开展工作每1项扣1分	
	10. 配合院所举办大型学术交流活动		圆满配合院所学术委员会举办大型学术交流活动，每次奖励1分	
（四） 科技服务 （权重10%）	当年新增推广应用技术成果	15	列入国家级推广应用技术成果10分/项、部级推广应用技术成果7.5分/项、省级推广应用技术成果5分/项、院市级推广应用技术成果2.5分/项。须提供文件证明	主持单位系数按1计算，参加单位系数按0.5计算
	与热区九省区合作实施项目	15	当年在热区九省区内合作实施项目数量计算：国家级项目10分/项、省部级项目7.5分/项、地市（县）级项目2.5分/项；基本科研业务费资助项目2.5分/项	
	协作创新项目库	15	当年入库项目15分/项。（至少1项）	以培训现场相片及签到表为准
	培训农业技术人员	10	0.2分/人次×当年培训农业技术人员数。（至少50人次）	
	培训农民	5	0.01分/人次×当年培训农民数。（至少500人次）	
	科技人员下乡	5	0.1分/人次·天×当年科技下乡人员数。（至少50人次·天）	
	提供检测技术服务	5	0.05分/次×当年提供检测技术服务数。（至少100次）	
	当年新增挂牌示范基地	5	5分×当年新增挂牌示范基地数。（至少1个）	
	基地评估等次	15	研究室所属的当年基地评估成绩优秀（≥85分）、良好（≥65分）、一般（<65分）三个等级进行计算，达到优秀的15分，良好的6分，一般的扣3分	
	示范基地项目库建设	10	当年入库项目数10分/项。（至少1项）	

（续表）

一级指标	二级指标	分值	评分标准	备注
（五） 科技开发 （权重 12%）	开发总收入完成比例	46	46×本研究室本年度开发总收入/本研究室本年度开发总收入指标	年度开发总收入指标：植物病理研究室 400 万元；农业昆虫研究室 230 万元；生防与农药研究室 220 万元；环境与生态研究室 195 万元；入侵生物与杂草研究室 140 万元
	人均上缴水平	29	29×（本研究室人均上缴收入额/全所排名第一的研究室人均上缴收入额）	
	成果转化率	5	5×（研究室已转化的上年度通过鉴定的农业应用技术研究成果数/研究室上年度通过鉴定的农业应用技术研究成果总数，基础研究成果及软科学研究成果除外）	
	新产品研发	5	开发 1 个以上新产品并取得市场准入各项条件、已形成开发收入的，得 5 分；开发 1 个以上新产品、未取得市场准入各项条件，但进行中试生产和推广应用已形成开发收入的，得 2 分；研发新产品但未形成开发收入的不得分	
	技术性收入比重	5	技术性收入比重＝非财政资金横向项目收入和技术成果有偿转让、技术服务等技术性收入总和/本研究室开发总收入。 本项得分＝5×（本研究室技术收入比重/全所排名第一的研究室技术收入比重）	
	开发收入管理	3	全部执行存货管理制度、进出库管理、收入管理制度的，得 3 分；部分执行的，得 1 分；没执行的不得分	
	开发生产过程管理	3	全部执行原料采购、产品（服务）标准、生产批次、产品销售等必要的，得 3 分；部分执行的，得 1 分；不执行的不得分	
	开发公开程度	4	面向社会的开发工作（如招商合作、出租出借、成果转让等）贯彻执行公开招标制度的得 4 分。未全部执行的得 2 分。没执行的不得分	
	奖惩分		研究室开发总收入 2014 年比 2013 年每增（减）10%，加（减）2 分	

（续表）

一级指标	二级指标	分值	评分标准	备注
（六）财经管理、资产管理（权重6%）	1. 经费规范使用情况	30	1. 项目经费超出项目任务书支出范围支出的扣8分；2. 项目经费超预算类款项支出10%的扣8分；3. 一次报账原始凭证日期与报账日相差3个月的扣6分；4. 项目经费不按项目经费管理办法使用的扣8分；5. 提供虚假原始凭证报账骗取资金的扣30分	最多扣30分
	2. 预算编制及执行进度情况	30	预算编制比较科学合理，符合项目支出要求8分；项目经费执行进度在3月底未达到20%的扣3分；项目经费执行进度在6月底未达到45%的扣5分；项目经费执行进度在7月底未达到55%的扣2分；项目经费执行进度在9月底未达到70%的扣4分；项目经费执行进度在10月底未达到85%的扣5分；项目经费执行进度在12月底未达到95%的扣3分	最多扣30分
	3. 固定资产保管齐全情况	40	固定资产存放地点变更前不按资产管理办法办理变更手续的扣5分；固定资产使用人变更前不按资产管理办法办理变更手续的扣5分；固定资产损毁、丢失不及时书面报告的扣10分；经查明固定资产由于人为因素损毁、丢失的扣20分	最多扣40分
（七）人才队伍（权重6%）	1. 在职干部培训率	30	在职干部培训人数占干部总人数的比例，即各课题组至少要选送1人（各研究室至少要选送4人）进行培训。每少1人，减3分	
	2. 十百千人才工程："十人计划"2～3人；"百人计划"10～20人；"千人计划"100～200人	30	基本分值为20分，"十人计划"、"百人计划"每增（减）1人，增（减）5分；"千人计划"每增（减）1人，增（减）1分	
	3. 创新团队建设：组建XX等10支科技攻关团队	20	责任单位完成团队组建目标，得20分；协作单位参与团队组建并完成团队组建目标，每参与一支团队得8分，最高分16分。未完成组建任务的不得分	
	4. 重大贡献人数	20	基本分值10分。团队奖10分，个人获国家级奖7.5分，省部级奖5分	

（续表）

一级指标	二级指标	分值	评分标准	备注
（八）综合治理（权重3%）	1. 安全生产巡查管理	50	不设安全检查巡查员的扣5分；每月进行1次安全巡查，及时排除安全隐患，没少巡查一次扣5分；无巡查记录或发现隐患未及时排查或上报，少一次扣5分	
	2. 防火、安全用电	50	防火重点部位用电符合安全规定。电源线及电器安装违章一处扣5分；违章使用大功率电器发现一次扣5分。研究室一旦发生用火用电事故该项得分为0分	
（九）宣传工作（权重3%）	1. 新闻报道	70	各研究室每年报送新闻稿件5篇，每少一篇扣2分，每多一篇加3分。在省级及以上媒体对外宣传报道每次额外加5分	
	2. 楼层宣传栏	30	各研究室负责制作和更新所在楼层的宣传栏，积极宣传本研究室的科研进展、先进事迹，全年共2次，每半年更新一次，每少一次扣15分	
（十）建设保障（权重3%）	1. 研究室条件建设规划	30	完成研究室条件建设规划20分，规划通过审核得30分，未完成得0分	
	2. 研究室条件建设项目或修缮购置项目	30	每完成一项项目申报书得15分。（同一研究室各课题组得分相同）	
	3. 课题组仪器设备使用和日常基本建设管理	40	完全按制度执行的得40分，课题组每违反制度规定1次扣5分	

第四节　建立科学的薪酬管理办法

人力资源管理中的薪酬管理是整个资源管理乃至一个单位管理中的核心内容之一，它与员工的经济利益密切相关，薪酬管理的核心是单位根据员工对组织的贡献科学、合理地确定员工的薪酬差别。

一、薪酬概述

（一）薪酬与报酬

薪酬（Compensation）是指员工因被雇用而获得的各种形式的经济收入。狭义的薪酬只包括货币化的收入，而广义的薪酬还包括给员工提供的福利（Employee Benefit），如社会保险、休假制度、住房公积金等。

报酬（Rewards）是指员工从单位得到的作为个人贡献回报的各种有价值的东西，一般分为内在报酬和外在报酬两类。内在报酬指员工从单位获得的非物质性收益，比如，参与决策、工作自由度、个人发展机会等；外在报酬指物质收益，可以等同于广义的薪酬概念。

（二）人力资源管理中薪酬管理的地位和价值

按传统劳动价值理论，薪酬要保证劳动力生存和再生产需要；从另外一个角度看，个人绩效和组织绩效水平的提升，激励效应是最关键的因素，而薪酬是最具激励功能的因素。根据绩效管理模型，影响绩效的主要因素是员工技能、外部环境、内部条件和激励效应这 4 个因素；薪酬的保障作用可以提高员工的技能，薪酬的激励作用可以充分实现激励效应，因此，薪酬管理对于绩效提升具有非常重要的作用，薪酬管理在以绩效管理为核心的人力资源管理中占有重要地位。是企业达成吸引、保留、激励人才的重要手段，“创造—评价—分配”价值的重要环节。合理有效的薪酬体系不仅能激发员工的积极性与主动性，使员工努力的实现经济价值，提高经济效益。而且能在人才竞争的激烈的知识经济下吸引和保留一支素质良好且具有竞争力的队伍。

（三）薪酬管理及其原则

薪酬管理（Compensation Management）指组织在发展战略指导下，综合考虑内外部各种因素的影响，确定自身的薪酬水平、薪酬结构，并进行薪酬调整和控制的整个过程。

有效的薪酬管理需遵循以下 5 个原则。

（1）外部竞争性和公平性。外部竞争力是指在社会和人才市场上，组织的薪酬水平要有吸引力，才足以战胜竞争对手，引进和留住所需人才；外部公平性指在同一行业、同一地区类似岗位的薪酬水平应大致一致。

（2）内部一致性。该原则包含两个方面：一是横向公平，组织所有员工之间的薪酬制定标准是一致的；二是纵向公平，员工过去的投入产出比现在乃至将来应该是基本一致并有所增长。

（3）激励性。激励性是指在内部各类、各级职务的薪酬水平上，适当拉开差距，调动人的主观能动性；薪酬的激励作用主要通过满足员工的物质需求来实现。

（4）经济性。经济性强调设计薪酬时必须考虑组织自身发展特点和支付能力；要考虑组织的可持续发展需要。

（5）合法性。合法性指薪酬制度必须符合法律、法规和相关制度的要求。

二、农业科研机构薪酬管理的特殊性

与企业薪酬管理制定发放不同的是，农业科研机构多属于事业单位，基本工资部门必须按国家规定的岗级来分配，而真正能够体现激励的是绩效工资。如何在政策允许的范围内建立灵活的、有激励性的薪酬制度，是我们努力的方向。

三、案例（如何建立农业科研机构薪酬管理办法）

以某农业科研机构为例，看如何建立科学的薪酬管理办法。农业科研机构的薪酬管理有其特殊性，只有绩效工资是“活”的部分，可以根据单位实际情况，依据绩效考核结果，制定科学的激励机制和发放办法。下面将从农业科研机构的工资结构（法定），以及工资结构中可调整的绩效工资（《××研究所绩效工资分配办法》）等两方面来进行说明。

（一）农业科研机构的工资结构

农业科研机构人员工资待遇实行岗位绩效工资制度。岗位绩效工资包括岗位工资、薪级工资、绩效工资和津贴补贴等4部分，其中：

1. 基本工资

基本工资由岗位工资和薪级工资构成，每月按岗位标准发放。

2. 绩效工资

绩效工资由基础性绩效工资（地补绩效津贴、责任绩效津贴）和奖励性绩效工资（激励绩效津贴、专项奖励）构成。绩效工资发放水平值依据所财力而定。

（1）基础性绩效工资

基础性绩效工资是结合岗位等级设立的绩效工资，分为地补绩效津贴和责任绩效津贴两项。

①地补绩效津贴：地补绩效津贴归并原发放的原地区补贴、物价补贴、肉食补贴、搭伙费、煤气补贴、伙食补贴、生活补贴和节日补贴等标准。

②责任绩效津贴：责任绩效津贴归并原发放的岗位津贴、浮动津贴、年终一次性奖金等标准。依岗位系数×水平值发放。

（2）奖励性绩效工资

奖励性绩效工资是结合年终考核及实际业绩设立的绩效工资，分为激励绩效津贴和专项奖励两项。

①激励绩效津贴：激励绩效津贴归并原发放的管理酬金、绩效津贴等标准。在综合考虑各类岗位平衡的基础上，按岗位类别分为管理绩效津贴、科技绩效津贴和基地（推广）绩效津贴等3类。

激励绩效津贴按年度发放。也可根据收入情况按月预发，年终根据考核及所收入情况确定分配水平值，扣除预发额后年终一次性发放。年度考核为称职以上工作人员全额发放当年激励绩效津贴，且年度考核优秀等级人员给予500～1 000元一次性奖励；年度考核基本称职或不定等次工作人员按当年称职工作人员激励绩效津贴标准的50%发放；年度考核不称职工作人员不得享受下年度责任绩效津贴和当年激励绩效津贴。激励绩效津贴＝激励绩效津贴系数×水平值。

②专项奖励：专项奖励重点用于科技产出奖励。可分为科技成果奖、科技论文奖、科技成果转化奖、荣誉称号奖、特别贡献奖和研究生导师津贴等（单独制定专项奖励办法）。

3. 津贴补贴

津贴补贴由生活性补贴（特区津贴补贴、妇女卫生费）、岗位性补贴（纪检监察人员补贴、有毒有害保健津贴、政府特殊津贴）、改革性补贴（住房公积金、有贡献的团队和个人给予专项奖励。院级年度考核优秀的一次性奖励500元；年度考核基本称职只能享受当年奖励性绩效工资的50%；年度考核不称职不得享受当年奖励性绩效工资，住房补贴、医疗补贴）和奖励性补贴（独生子女奖励费、省优专家津贴）构成。其中医疗补贴按在职人员600元/年标准发放，政府特殊津贴和省优专家津贴按国家有关文件执行，其余津贴补贴按标准随工资发放。

（二）绩效工资分配办法

在农业科研机构人员工资结构中，只有绩效津贴是“活”的部分，可以体现出个人业绩和薪酬激励之间的关系。制定农业科研机构绩效工资分配办法，既要遵守国家和上级部门的有关规定，又要在合理的范围里体现激励机制，加大向关键岗位、业务骨干和突出贡献人员的倾斜力度。

《××研究所绩效工资分配办法》

为推进我所工作人员收入分配制度改革，完善绩效工资激励和调控机制，根据××等相关文件的精神，结合我所实际，制定本分配办法。

一、实施范围

全所在编在岗工作人员。

二、分配原则

（一）分岗分类，科学管理。根据不同岗位及单位类别确定绩效工资总量和工资水平，按照岗位类别、级别和考核评价结果确定个人绩效工资。

（二）按劳分配，优绩优酬。完善分配激励机制，以工作人员实际和贡献为依据，搞活内部分配，加大向关键岗位、业务骨干和做出突出贡献的工作人员的倾斜力度。

（三）清理规范，动态调整。规范单位收入分配和财务管理秩序，严肃分配纪律，严格按照国家和属地政策，在工资总额计划内根据地区工资水平动态调整。

（四）统筹兼顾，效率优先。注重效率，兼顾公平，合理调配工作人员收入分配水平，合理确定收入差距，保障最低收入水平，确保和谐稳定的大局。

三、绩效工资组成及标准

绩效工资由基础性绩效工资和奖励性绩效工资两部分组成。

（一）基础性绩效工资

1. 基础性绩效工资比例

基础性绩效工资占绩效工资总量的60%～70%。

2. 基础性绩效工资标准

工作人员基础性绩效工资标准依所财力，按基数＋系数×水平值确定。各类岗位级别基数见附表1，系数见附表2，水平值为××元/分，由所统筹发放。

（二）奖励性绩效工资

1. 奖励性绩效工资比例

奖励性绩效工资占绩效工资总量的30%～40%。

2. 奖励性绩效工资标准

奖励性绩效工资分为管理人员奖励性绩效工资和科技人员（含专业技术岗位和工勤技能岗位，下同）奖励性绩效工资两类：

（1）管理人员奖励性绩效工资标准按系数×水平值确定。管理人员奖励性绩效工资系数见附表3，水平值根据各课题组和研究团队实际发放数的平均值由所统筹发放。

（2）科技人员奖励性绩效工资标准按系数×水平值确定。科技人员奖励性绩效工资系数见附表3，水平值为0～150元/分，依课题组实际创收能力来发放。其中：水平值发放50元/分以上，课题组可根据课题组或团队成员的工作业绩确定各成员发放标准；水平值发放50元/分（含）以下，课题组或团队成员按统一标准发放。

（3）所内“双肩挑”人员奖励性绩效工资标准按系数×水平值确定。双肩挑人员奖励性绩效工资系数见附表3，水平值根据各课题组和研究团队实际发放数的平均值由所统筹发放，如果所在课题组当月发放水平值超过平均值，则超出部分由课题组补齐。

四、绩效工资分配办法

（一）发放绩效工资类型的确定

根据事业单位分类改革类型确定后，按相应类别标准执行。

（二）绩效工资总量的核定

本所绩效工资总量根据上一年度工资总额批复数和所实际财力确定。

（三）工作人员绩效工资水平的核定

（1）工作人员的绩效工资根据本人承担的岗位确定。承担多个岗位工作人员的绩效工资系数按岗位就高原则确定，不重复享受不同岗位的绩效工资。

（2）经院批准在单位内部或单位之间任职的“双肩挑”人员绩效工资按岗位（管理岗位或专业技术岗位）就高原则确定，由人事工资关系所在单位发放。

（3）公益一类单位主要领导的奖励性绩效工资控制在本单位工作人员平均奖励性绩效工资的1.5倍以内；公益二类单位主要领导控制在2.5倍以内；生产经营活动类单位主要领导控制在3倍以内。

（4）建立绩效工资与个人考核挂钩机制。建立科技创新专项奖励和科技管理专项奖励制度，年终对承担国家重大科研项目等，在发明创造、技术革新、成果转化、科技服务、创新性管理等方面，为所发展做出重要贡献的团队和个人给予专项奖励。院级年度考核优秀的一次性奖励500元；年度考核基本称职只能享受当年奖励性绩效工资的50%；年度考核不称职不得享受当年奖励性绩效工资，并按不低于50%比例扣发当年基础性绩效工资。

（四）相关问题的处理

（1）实施绩效工资后，除符合规定的荣誉、科技、创业、人才等专项奖励外，不再执行年终一次性奖金。实施绩效工资后，除符合国家规定的津贴补贴予以保留外，原自行发放的津贴补贴一律予以取消。

(2) 新录用（调入）的工作人员，从报到上岗之下月起计发绩效工资。新录用高校毕业生、新调入的工作人员的奖励性绩效工资发放比例另行确定。工作人员职务（岗位）发生变动的，从聘任的下月起执行新的岗位绩效工资。

(3) 保留职务待遇人员，基础性绩效工资等待遇按保留的管理岗位（职务）发放，奖励性绩效工资根据岗位实际贡献确定。

(4) 办理退休（退职）的人员，从按规定计发退休费的当月起不再发放绩效工资，改按同职级退休（退职）人员补贴标准计发。经批准离岗的人员不享受绩效工资。

(5) 对工作人员各类假期、进修学习、受处分、立案审查等期间绩效工资发放，按××等有关规定执行。

(五) 资金来源

(1) 工作人员绩效工资经费按现行资金来源渠道解决。

(2) 本单位自行解决经费应符合财务管理制度的事业收入、经营收入或附属单位上缴收入。年度开发创收收入要先安排一定比例用于事业发展建设和自筹前瞻性科研，才能用于绩效工资分配。单位绩效工资总量的增长幅度，不得高于单位自有收入的增长幅度。

(六) 发放方式

(1) 基础性绩效工资根据现有在岗人员发放，按月纳入工资发放。

(2) 奖励性绩效工资按年发放。根据单位实际需要，按月预发部分奖励性绩效工资；年终根据工作人员实际考核结果，确定工作人员奖励性绩效工资总体分配额度，扣除已预发部分后一次性补发。

(3) 考核基本职称或不称职档次的工作人员绩效工资在年终或下年度予以扣减。

(七) 有关要求

(1) 要把绩效工资实施与事业单位分类改革工作有机结合，规范绩效工资发放秩序，及时研究和妥善处理实施中出现的问题，确保绩效工资平稳实施。

(2) 根据单位财力和院批复的工资总额计划，核定绩效工资总量，制定单位年度绩效工资分配方案，报院备案。

(3) 综合办、财务办、所党委纪委共同做好绩效工资管理和监督工作。

五、附则

附表：

1. 环植所工作人员基础性绩效工资标准表（略）；

2. 环植所工作人员基础性绩效工资系数标准表（略）；

3. 环植所工作人员奖励性绩效工资系数标准表（略）。

第四章　农业科研机构的素质人力资源管理

随着人力资源管理的发展，如何提高员工素质、规划科学合理的职业发展生涯、防范人才流失等一系列人力资源管理活动，已经成为当今乃至未来人力资源管理发展的重要趋势。本章将从素质人力资源的相关知识入手，结合农业科研机构的特点，阐述如何做好农业科研机构的素质人力资源管理。

第一节　素质人力资源管理概述

素质层是人力资源管理 3 个层次中的微观层次，是基层组织。素质人力资源管理的主要内容包括：①提高人员素质；②做好人员职业生涯规划。

组织人力资源管理的战略目标和主要职能都必须通过员工来实现，提高人员的整体素质，使人员的素质特征与其从事的工作相匹配，帮助员工制定职业生涯规划，提供发展平台，预防人才流失，是组织人力资源管理持续发展的重要基础性工作。

员工素质管理和职业生涯规划是培养员工的核心能力；而要防范人才流失，从个人的角度来看，还是要提高员工素质，并提供良好的发展平台，培养其忠诚度。

一、员工素质管理

（一）素质的概念

在人力资源管理领域，素质也称为胜任力，是个体在先天具有的生理遗传特点的基础上，所具有的独特的、相对稳定的身体、心理特点和基本特质。这些特点和特质构成了个体学习或从事某种职业的身体、心理、社会等方面潜在或显在的基础。

（二）素质的构成

素质是一个由多种基本要素构成的整体，这些构成素质的基本要素称之为素质要素，素质要素往往形成一定的结构或模式。素质一般由 3 个方面的要素所组成：①生理素质，如身高、体重等；②心理素质，如智力、情绪、意志力、兴趣、气质、性格等；③社会素质，如职业责任、职业兴趣、工作技能、道德素质等。

不同社会领域有不同的素质类别，见图 4－1。

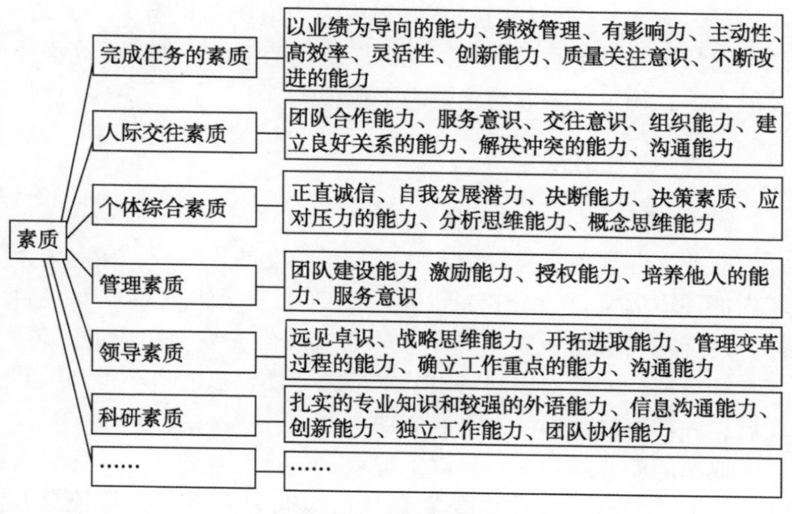

图 4－1　素质类别

（三）素质与工作绩效

“素质推动行为”，在人力资源管理中，人是核心要素，人的素质所反映出来的行为，直接影响其工作绩效。从系统论的观点看，在组织人力资源管理中，员工的素质、行为与工作业绩表现为一个投入与产出的活动过程。

素质—行为—绩效之间的关系相互作用，是一个双向作用机制。一是投入—转换—产出机制，即员工在各种素质的影响下，产生相应的行为方式，从而产生相应的工作绩效；二是产出—转换—投入机制，即工作绩效可能成为一种反馈因素，反过来对员工的整体素质和工作行为产生反作用力。

这就要求人力资源管理者：一是充分认识素质、行为、绩效之间的驱动关系；二是在实践中要系统对三者进行人力资源开发，而不是孤立的强调某一方面，提高员工绩效，既要员工具备一定的素质、知识技能、动机、价值观等，又要指导员工遵循有效的行为方式；三是利用和开发组织人力资源可以有多个开端，既可以从提高员工素质入手，也可以从规范工作行为、提高操作技能入手，还可以采取措施提高工作绩效。

二、职业生涯规划

（一）职业生涯规划的概念

职业生涯规划，是指个人发展与组织发展相结合，在对个人和内部环境因素进行分析的基础上，确定一个人的事业发展目标，并选择实现这一事业目标的职业或岗位，编制相应的工作、教育和培训行动计划，制定出基本措施，使自己的事业得到顺利发展，并获取最大程度的事业成功。

成功的职业规划应具备以下特点。

（1）个性化。职业生涯规划是组织或个人根据自身特点并结合社会的发展，依据现实条件和机会所制定的个性化的发展方案。

（2）可行性。职业生涯规划的目标及行动方案应建立在对主客观影响因素的正确分析和评价基础之上，既要有客观依据，又要有前瞻性，而不是凭空的幻想。

（3）时效性。对已确定的职业目标，要有具体的实施步骤和完成计划的时间顺序，以作为检查行动的依据。

（4）持续性。保证职业生涯发展的各个阶段能够持续、连贯的衔接。

（5）开放性。职业生涯规划不是闭门造车，也不是一次完成、终生不变的，而是在与外界尽可能多的交换信息，不断在完善自我的进程中实现的自我规划和组织规划的动态平衡。

（二）职业生涯规划的时间分类

职业生涯规划按照时间的长短来分类，可分为长远规划、长期规划、中期规划和短期规划 4 种类型。

（1）长远规划。整个职业生涯的规划，时间长至 40 年左右，设定整个人生的发展目标。

（2）长期规划。5～10 年的规划，主要设定较长远的目标，如规划 30 岁时成为团队核心成员，规划 45 岁时成为学科带头人。

（3）中期规划。一般为 2～5 年内的目标与任务。如规划到不同职能部门从事管理工作。

（4）短期规划。2 年以内的规划，主要是确定近期目标，规划近期完成的任务。如对专业知识的学习，2 年内掌握哪些业务知识等。

（三）职业生涯规划的意义

（1）对员工发展的意义。一是客观全面地认识自我；二是树立明确的职业发展目标；三是增强人生动力，全面提高自我素质和能力；四是把握人生发展方向，创造成功人生。

（2）对组织发展的意义。一是使员工的潜力得到充分发挥；二是提高员工对组织的认同度和归属感；三是优化组织人力资源配置；四是有利于培育以人为本的组织文化；五是实现组织目标和事业的发展。

（四）如何进行职业生涯规划

员工个人职业生涯规划和组织对员工的职业生涯规划是相互影响、相互依存和共同发展的。

1. 员工个人进行职业生涯规划

（1）基本方法：

①“五 What”法。“五 What”法共有 5 个需要思考的问题。

第一，我是谁（What are you）？→目的是充分认识自我。

第二，我想干什么（What do you want）？→目的是检查自己的职业发展心理倾向。

第三，我能干什么（What can you do）？→目的是分析自己具备的能力和潜力。

第四，环境支撑或允许我干什么（What can support you）？→目的是分析客观和主观因素。

第五，自己最终的职业目标是什么（What can you be in the end）？→目的是确定自己的职业奋斗目标。

②生涯愿景模型法。生涯愿景模型提出分两个步骤考虑。

一是个人愿景是什么？包括自我形象、有形财产、家庭生活、个人健康、人际关系、职业状况等。

二是如何建立个人愿景？从 3 个方面着手，想象实现愿景后的情景（是不是你真正想要的?）、形容个人愿景（回顾你从学生时代至今有哪些愿景实现了，哪些没实现，原因是什么?）、检验并弄清楚个人愿景（假定你现在就实现了愿景，能为你带来什么，感受如何?）

③PPDF 法。英文 Personal Performance Development File 的缩

写，即个人职业发展档案，或称个人职业生涯发展道路。主要内容包括3个部分。

一是个人基本情况，包括个人简历、受教育情况、曾接受过的培训、工作经历等，并对以上内容进行自我评估和总结。

二是个人发展现状，包括现状的学习或工作情况、现在的目标、现在的行为管理等，并对现在的情况进行反思和评价。

三是个人未来发展，包括职业目标、所需要的能力和知识、行动计划、具体安排等。

（2）实施步骤：

①自我分析。对自己全面的剖析，从生理自我、心理自我、理性自我、社会自我4个方面展开。

②评价职业生涯发展机会。评价和把握环境的特点，以及环境的发展变化对自己职业生涯发展带来的影响，这是做好职业生涯规划的前提。

③确定职业生涯发展目标。个人在选定的职业领域内未来时点上所要达到的具体目标。

④选择职业生涯发展路线。实现职业生涯目标的路径，解决3个方面的问题：我可以往哪一条路线发展？我想往哪一条路线发展？我适合往哪一条路线发展？

⑤制订行动计划与措施。确定发展目标后，通过制定一整套周密的行动计划，来保证目标的实现。包括在业务素质、潜能开发、人际关系、提高效率、阶段任务等各方面制订与自己状况相符合的行动计划与措施，并加以落实。

⑥评估职业生涯规划。为保证职业生涯规划的有效实施，就要不断对职业生涯规划进行评估和修正，以适应环境的变化。修正的内容包括职业目标的调整、职业生涯路线的重新选择、实施措施的补充和完善等。

2. 组织对员工的职业生涯规划

组织对员工的职业生涯规划要求：组织目标及要求与个人需求匹配；建立组织与员工的心理契约与人力资源职能管理有机结合。

（1）基本方法：

①开展咨询活动。管理人员或资深人员针对员工在职业生涯规划和职业发展过程中的困惑和问题，进行诊断并提供咨询建议。咨询形式可以是员工主动请求，也可以是管理人员或资深人员主动对相关人员进行指导和帮助。

②举办研讨会。职业生涯研讨会是一种有计划的学习和交流活动，一般由人力资源管理部门组织和实施，旨在帮助新员工了解岗位情况、进行岗位培训，帮助老员工修订职业生涯规划。

③编制指导手册。针对职业生涯发展中可能出现的情况，组织编写指导手册给员工持续的科学指导非常重要。

（2）实施措施：

①工作分析。工作分析是应用系统方法，收集、分析、确定组织中的职位定位、目标、工作内容、职责权限、工作关系、业绩标准、人员要求等基本因素的过程。工作分析是制定职业生涯发展规划的起点。员工进行职业生涯规划首先要通过工作分析，明确组织的职位描述和对职位任职资格的要求（即岗位说明书要求）。

②制定晋升、调动与配置规划。是实施和推动职业生涯规划与管理的重要过程。晋升规划是对各层级人员的晋升路线、数量、时间、薪酬待遇等进行有计划的统筹安排；调动规划是为员工创造更多发挥潜力的机会，对人员内部调整数量、流向、再培训需求等进行合理规划；配置规划是对组织由于发展可能导致的人员缺岗制定空缺岗位补充规划，对组织发展中由于新技术、新

发展及管理水平的要求等可能造成的超员情况制定人员重新安排的合理规划。

③设计职业生涯通道。是组织为员工设计的职业晋升和职业发展的路线，它指明了组织内员工可能的发展方向及发展机会。组织内的员工可以沿着本组织的发展通道变换工作岗位，获得满意工作，实现职业生涯的发展目标。

④重视职业培训与开发。健全的培训体系及有效运行，是员工职业生涯成长和发展的“加油站”。首先要进行职业培训需求分析，从组织发展、工作需要、人员需求等方面随时把握培训需求及变化；其次是制定职业培训的计划并加以实施，要因人而异、因岗而异；最后是进行职业培训效果的评估，可采用问卷法、测试法、现场评定法等多种方式来进行效果评估。

⑤加强职业信息系统管理。是组织进行职业生涯规划与管理的基础。有以下几个方面的工作：一是加强组织的发展战略与规划、人力资源的供求状况、职位空缺及晋升空间等信息发布，让员工及时了解组织职业发展信息；二是加强员工职业信息的档案管理，了解职工个人的工作情况、工作业绩、考核情况、个人职业发展规划等方面的信息；三是对组织和员工的职业信息管理，要动态更新，保证信息的时效性。

⑥建立评审制度。职业生涯评审是阶段性、周期性的检查职业生涯规划的实施状况，以便及时发现问题，并采取改进措施。多采用谈话的方式进行，内容包括：本年度的工作成绩与失误，本年度中观念的转变与能力的变化，成绩与失误的原因分析，本年度中教育培训的效果，有关家庭和个人身体健康信息，本人对下一年度工作的希望，本人对教育培训的需求等。

就以上方法、措施简要归纳，见表4－1。

表 4-1 职业生涯规划的基本方法和实施步骤（或措施）

	员工个人职业生涯规划	组织对员工的职业生涯规划
基本方法	1. “五 What” 法 2. 生涯愿景模型法 3. PPDF 法	1. 开展咨询活动 2. 举办研讨会 3. 编制指导手册
实施步骤	1. 自我分析 2. 评价机会 3. 确定目标 4. 选择路线 5. 制订计划与措施 6. 评估规划	
实施措施		1. 工作分析 2. 制定晋升、调动与配置规划 3. 设计职业生涯通道 4. 重视职业培训与开发 5. 加强职业信息系统管理 6. 建立评审制度

三、本章阐述的要点

结合农业科研机构的特点，根据人力资源学有关理论基础，本章第二、三、四节将分别从农业科研机构如何防范人才流失、提升领导者素质、提升人才队伍素质和提供发展平台等方面阐述如何做好农业科研机构的素质人力资源管理。

第二节：从组织文化、领导素质、员工素质和职业规划的角度来探索如何建立人才流失风险防范机制。通过科学、以人为本的人力资源管理措施来稳定农业科研机构的人才队伍，增强其对单位的忠诚度，同时应采取防范预案，规避人才流失风险。

第三节：领导素质提升。在人力资源管理中，领导者是组织的一面精神旗帜。领导影响力，不仅是上级部门授予的职权，更重要的是非权力性的影响力，即领导者的素质。组织要按照既定战略目标达到预期，必须要大力提升领导者的非权力性影响力。

第四节：员工素质提升与组织对员工的职业生涯规划。通过提高“三类”人才队伍对组织的认同度和归属感、通过优化人才队伍结构、通过丰富多样的培训方式和保障措施，来提高“三类”人才的人员素质，同时从组织的角度规划“三类”人才队伍建设，给人才提供良好的可持续向上的发展平台。

第二节　防范人力资源管理中人才流失

所谓人力资源是存在于人身上的创造社会财富的能力。在农业科研机构科技人才的规模和素质是衡量其科技实力和潜力的重要指标。虽然人力资源越来越受到各单位管理者的重视，但目前我国农业科研单位的人力资源管理仍存在不少弊端，其中：又以人才流失最为严重。人才流失是不同利益主体基于自身利益考虑而提出的概念，是人才流动事实必然带来的人才流出方的利益损失。人才流失有显性流失与隐性流失之分，该章的显性人才流失主要指我国农业科研机构的科技和管理人才向其他企事业单位或行政机关的流失，隐性人才流失则是指单位内的各层次人才因激励机制不健全或其他原因影响而失去工作积极性，其才能没有发挥出来，从而影响单位的发展。

一、农业科研单位人力资源流失的原因

以某农业科研机构近5年来人才流失的现状（表4－2）为例，通过分析流失人员的层次、流向等，进一步归纳农业科研机构人力资源流失的特征，从而总结流失的原因。

表 4－2　某农业科研机构人力资源流失情况

年份	在职人员总数（人）	当年人才流失数（人）	人才流失率（%）	流失人员层次	流失人员年龄段及人才流向
2006	61	2	3.27	硕士	30 岁以下。1 人流向机关，1 人出国深造
2007	63	2	3.17	硕士	30 岁以下。1 人流向其他高校，1 人读博
2008	72	0	0		
2009	77	1	1.3	硕士	30 岁以下。流向机关
2010	82	4	4.88	3 名硕士，1 名博士	30 岁以下。1 人流向知名国企（高收入行业），1 人流向其他科研院所（解决两地分居），2 人流向机关

由表 4－2 可见，农业科研机构人力资源流失具有以下特征：①与人员学历有关。学历高的流动性较大，很多高学历的人由于工作单位与自己理想的工作岗位、待遇、环境相差较大，故流失多。②与人员年龄有关。年龄较轻的人员流失较多，年轻人学习能力强，家庭负担小，跳槽时考虑的机会成本相对较小，造成青年科研人员跳槽现象明显。③与职业发展有关。较关注个人职业发展的员工流失严重，这类人员充满活力和激情，拥有高智力资本，把流动视为个人实现自我发展的途径。

（一）社会环境原因

知识经济环境下，社会对知识型人才的需求很大，而目前知识型人才仍是稀缺的。人才的稀缺程度越高，人员流出的拉力越大。在对知识型人才的竞争中，农业科研机构存在着明显的经济和环境上的劣势：由于科研工作的需要，农业科研单位往往在生活条件不太好的偏远地方，在这些地方工作和生活会比在大城市生活艰苦得多，这就从客观上导致了人才的流失。同时相对其他容易转化科研成果，容易与企业合作开发的科研机构，从事基础性科学研究的农业科研机构的科研人员仍然是待遇低、后顾之忧多，特别对子女上学、就业、住房等问题尤为突出。

（二）单位原因

（1）人才引进单位对有关政策的落实不到位，薪酬不能反映人才的贡献。在人才引进之处，接收人才的单位作出的种种美好承诺，在人才报到工作后却难以落实到位，打了很大的折扣，使得新进人才心里形成极大落差。

（2）看不出单位的长远目标和战略意图，缺乏团队文化建设，缺乏融洽的人际关系和良好的沟通氛围。有些农业科研机构重科研、轻管理，没有战略规划，缺乏团队文化建设，仅靠家长式的领导风格和上级下令、下级办事的工作模式来进行管理工作，这样的单位缺少创造力和活力，科研人员和管理人员也会觉得压抑和紧张，缺少凝聚力和共同的目标，从而反过来又影响工作效率。

（3）缺乏教育培训和事业发展的计划，得不到充分的尊重、信任和认可。一是单位只重视外部人才引进，而忽视了现有在职人员的后续培训和再教育问题，使现有人员缺少自我提升机会和发展平台，从而萌生去意。二是单位对人才的引进缺乏明确而到位的认识，未能根据本单位的实际情况来制定引进人才的具体规划。在人才引进之后，单位的领导不能及时地将他们安排到合适的工作岗位上，而是使之处于相对闲置的状态，或把他们放在可有可无的位置上，他们因此也就成了单位名副其实的摆设。三是单位没有解决好老知识分子发挥余热和大胆起用中青年人才的问题。一批掌握了新知识，并通过锻炼，已经具备了主持或独立工作能力的中青年知识分子，由于岗位、职称等诸多原因的制约，其聪明才智得不到很好的发挥，从而使得他们中的不少人不得不到其他地方去寻找能实现自我价值的工作。

（三）个人原因

（1）专业技术人才的个人因素。专业技术人才重视自身价值的实现，他们渴望获得教育和培训的机会，因此，希望到更多更优秀的单位学习新的知识，通过流动来实现增值。部分科研人员恃才放旷，缺失诚信。这部分人常利用在外面培训进修的机会，寻机跳槽。一旦受重金的诱惑就不打招呼，扬长而去，或者因工作安排和待遇等问题稍不“如意”就不辞而别。

（2）管理人才的个人因素。科研单位的管理人员不仅要承担管理工作，还要肩负一定的服务工作。由于工作性质的原因，管理人员更多的是从事大量琐碎的幕后工作，很难用量化的标准来衡量成绩，付出和收获常常不能对等；而且管理人员的发展平台也极其有限，有的管理人员在一个岗位上一干就是几年甚至到退休，很容易滋生职业疲惫；加之有些科研机构“重科研、轻管理”，更会因不公平而挫伤管理人员的工作积极性。所以，一旦有合适的机会，有能力而未能在合适岗位上的管理人员就会通过跳槽来实现自身价值。

二、农业科研机构人才流失的风险识别

人才流失风险，是指人才的流失给单位带来损失的可能性。农业科研机构流失风险识别就是识别科技人才或管理人才的流失可能给农业科研机构带来哪些风险，主要有以下 4 个方面。

（1）掌握核心技术的专业技术人才的离职可能导致农业科研机构重点科研研发项目核心技术泄露。一旦发生这种情况，即使有法律上的惩罚，也无法挽回给科研事业带来的损失。

（2）专业技术人才的离职可能导致科研机构关键岗位的空缺。这势必影响农业科研机构的正常科研工作的运作，甚至可能造成严重的损害。由于专业技术人员掌握某种专门的技能，所以一旦他们离职，单位可能无法立刻找到可替代的人，这一关键岗

位在一定时期内会空缺出来。更严重的是，如果某个科研团队整体跳槽，假如补充不及时，单位面临的风险将更加严峻，这势必影响整个单位的发展。

(3) 管理人才的离职可能中断正常的日常管理工作，给整体科研管理和服务工作带来不便。农业科研机构由于机构编制原因，往往是“一个萝卜一个坑”，管理人员非常有限，每个管理人员都从事着大量专门的管理工作，一旦这些管理人员突然离职，短期内某项或某些行政工作缺少延续性和连贯性，必定会给行政管理、科研服务、后勤保障等工作带来诸多不便。

(4) 各类人才的离职都使得单位必须重新引进和培训新员工以满足对人员的需求，这就需要支付相应的人才引进和培训费用。

三、应对农业科研机构人才流失的风险管理

为了遏制人力资源的隐形流失，保证农业科研机构能够留住在科研与管理上具有潜质的优秀人才，我们可以有针对性地采取一些措施进行防范和控制，实现人才合理流动，让人才流失限制在可接受的范围内。

(一) 深化人事制度与分配制度改革

通过建立人才竞争机制，激发人才的潜能，促使优秀人才脱颖而出是稳定人才、吸引人才的必要手段。通过强化人才利益激励机制，打破以往按职务、按职称分配的旧体制，建立以业绩为核心的分配新体制是有效体现人才价值、优化人才队伍建设的关键。

(1) 深化人事制度改革，创设合适的人才选拔制度架构。在思想上牢固确立人才乃单位兴衰之根本的正确思想，能够全面审视和客观分析人才的所长所短，深知如何运用好他们的突出才干，建立科学的管理干部聘任制度，对职责合理的分析，对德才

深入的识别，对个人需求进行准确地把握，据此把合适的人配置到合适的岗位。

（2）建立体现人才劳动价值的薪酬制度。建立以业绩和效益为基础的分配机制，向关键岗位和特殊人才倾斜，保证各类人才得到与他们的劳动和贡献相适应的报酬。在薪酬制度的内容上，可以结合科研院所的实际情况，多样化操作。比如实行多元报酬结构的绩效奖励、成果转化奖励、专家津贴等多种分配形式，做到人才报酬与工作业绩相一致。

（二）营造良好的团队文化与和谐的环境氛围

首先要营造适于人才潜能发挥的团队文化。“观念也是生产力”，一个团队只有从制度管人的模式发展成文化管人的模式，形成统一的奋斗目标和共同愿景，职工才能自发自愿地去献身事业，才能从根本上达到稳定人才队伍的效果。主要要做到以下5点。

（1）修炼领导班子的思想、思维和作风，用领导干部的人格力量感召人。

（2）职工个人要树立危机意识，实现自我超越。

（3）改善心智模式，实现单位和个人的观念创新。

（4）确定农业科研机构的中长期奋斗目标，明确职工共同愿景和奋斗方向。

（5）创建学习型科研单位，努力营造团队学习气氛，使团队智商大于个人智商。

此外，还要培养农业科研机构良好的人际关系与和谐的文化氛围。在某种意义上，可以说就是要形成感情留人的良好局面，使外来的人才能够真正在内心深处有归属感。单位领导要带头在内部形成平等共处、开拓创新的内部文化，奖励先进，鞭策落后，特别要经常与新上岗的职工多谈心，全面了解他们的所思所想，解决他们生活、婚姻、工作等方面的现实问题。

（三）完善岗位设置，提供实现人才价值的工作岗位

因人而异给每位员工提供合适的工作岗位，激发人才潜能，实现人才价值最大化。要为人才创立在内部发展的平台，通过多渠道的职业生涯设计，使得管理人员、科研人员和工勤技能人员都有职业发展路径，都有向上发展的空间，能看到自己未来的前途和希望。可以通过内部轮岗或者挂职锻炼等形式来实现人员发展的多元性，某些知识技术型人才本身就有较强的流动倾向，他们或者是由于对原有工作失去兴趣，或者是想尝试新工作以培养新技能，针对这种情况，可以采取内部流动的方式，减少离职倾向。对于有创业激情的人员，单位还可以通过搭建创业平台或研究小组来满足员工的创业欲望。

1. 针对科技人员，要侧重于建立科学的培养计划，制定长远的职业规划

所谓“工欲善其事，必先利其器”，认识教育与培训的重要性。同时要认识到科技人才追求对知识的探索，追求自我超越和自我完善也是科技人员的突出优点。因此，建立合理有效的培训机制，满足知识技术型人才的学习发展需求，从而减少科技人才流失的可能性。除此之外，单位还要针对科技人员的自身实际情况制定相符的职业规划，这也有利于科技人员事业心和成就感的逐步建立。

2. 针对管理人员，要侧重于提供发展平台，创造公平环境

适度授权，提供发展平台。权责对等才有利于开展工作，授权是责任的加重，更是一种信任；另外，只有当管理人员认为通过努力就有可能实现自己的职业发展预期时，才能促使其不断努力地工作。创造公平的工作环境，公平比情感更重要。不论科技人员和管理人员之间，还是管理人员彼此之间，尽管大家的能力有大小，但是，对公平的诉求是相同的。在注意公平性和合理性的基础上，还要考虑照顾那些因为具有特殊才能或善于完成某些

复杂工作的人心理上的平衡。对部分过高估计自己的付出、过低估计自己所获得的报酬的倾向，用情感促公平，争取引导。

（四）加强农业科研机构科技人才信息管理

重视高层次人才队伍的诚信观教育，针对部分科技人员缺乏诚信，为跳槽苦心经营的情况，在社会上同行内建立起一套公正、合理、统一、连贯性强的高层次人才诚信档案体系。内容可包括该同志的主要业绩和过失记录、年度考核情况、调入调出情况、履行聘用合同情况等内容，通过这个平台让大家都可以了解到所需高层次人才的诚信度，及时决定是否聘用。还要在社会上营造一种崇尚诚信的风气，让大家都尊重诚实可信的人，排斥和痛恨不讲诚信的人。

（五）做好人才梯队建设

做好人才梯队建设工作，有利于保证农业科研单位不会因某些关键知识技术型人才的流失而无法正常开展工作。平时要加强人才储备，对于技能要求较高或替代性较弱的岗位，要进行重点的培养，同一尖端技术岗位至少要有 2～3 人同时攻关。同时要把管理者培养下属作为一个必要的考核指标，下属不成长，主管就提拔不起来。这样，有了充足的后备人才梯队资源，流失一两个人才影响也不大。

综上，人才的合理流动有利于优化农业科研单位的人力资源配置，但异常流动甚至人才流失则会带来不确定的风险。必须通过科学化、人性化的管理措施来稳定农业科研机构的人才队伍，增强其对单位的忠诚度，同时应采取防范预案，规避人才流失风险。通过健全农业科研机构的人力资源开发和管理工作，健全人力资源开发的有关法律保障，最大限度地避免优秀人才的流失，把人才队伍建设工作落到实处，提升农业科研机构的核心竞争力。

第三节　提升领导者非权力性影响力

领导的本质是影响力。在人力资源管理中，领导者是组织的一面精神旗帜。领导影响力，不仅是上级部门授予的职权，更重要的是非权力性的影响力，即领导者的素质。组织要按照既定战略目标达到预期，大力提升领导者的非权力性影响力（素质）尤为重要。

农业科研机构人力资源管理的最终目的是通过一系列科学的人力活动，来达到实现农业科研机构的战略发展目标。而一个组织要实现战略目标、达到最佳效果，就需要强有力的领导与强有力的管理。领导是影响一个群体实现其愿景或一系列目标的能力，是由领导者向下属施加影响的行为。农业科研机构的领导者身负组织领导本单位党政事务、科学研究、科技服务、成果转化、科技推广等管理工作的重任，其思想观念、心理素质和办事风格，不仅影响单位职工工作的成效，更影响到整个组织的行为和绩效。下面我们谈谈如何提升领导者的影响力，特别是非权力性影响力。

一、领导者影响力的内涵

组织行为学理论认为，领导的核心是影响力，影响和改变他人心理和行为的能力是有效领导的关键。领导者影响力，是指领导者在被领导者的思想意识中产生的一种外在的心理影响与行为能力，作为影响和改变部属行为的一种力量，既是实现有效领导的重要因素，又是提升领导能力的前提条件。

领导者影响力主要分为 5 类，即法定权、惩罚权、奖励权、专长权和个人影响权。前三种为权力性影响力，是由领导者所处的地位决定，是由上级组织赋予个人的领导权力，具有明显的强制性，时间和范围都有一定的局限性；后两种为非权力性影响力，由领导者个人的品质、道德、学识、才能等方面的修养在被领导者心目中形成的形象与地位决定，表现为被领导者对领导者的敬佩、信赖、认同和服从等心态，它取决于领导者本人的素质和修养，无法由组织“赋予”。

对于领导者来说，权力性影响力和非权力性影响力都是不可或缺的，但后者在领导者影响力方面更是长期与持久的因素，对领导行为效果能产生重大影响。“居高身自远，非是藉秋风”，品德高洁、人格高尚、能力高超，其影响力自能传之久远。领导者要在正确行使职权、提高权力性影响力的同时，不断完善自我，提高非权力性影响力。

二、构成科研单位领导者非权力性影响力的要素

一般来说，构成领导者非权力性影响力的要素有：品格因素、能力因素、知识因素和感情因素。而科研单位的领导者因单位性质的特殊性，其在履行职责、达成工作目标的过程中所产生的非权力性影响力还具有一定的特殊性表现。

（一）影响领导者非权力性影响力的普遍因素

影响因素主要有以下 4 个方面：一是品格因素。品格因素是反映在领导者的一切言行之中的道德、品行、人格、作风、责任感、事业心等。它是决定非权力性影响力的酝酿因素，优秀的品格会给领导者带来巨大的影响力，使人产生敬爱感。二是能力因素。领导者才能的高低关系到能否胜任工作以及工作中获得成就的大小。才能是一种实践因素，要通过实践来体现，主要反映在工作成果上。多才、多艺、多智、多能的领导者，易使人产生敬佩感，会吸引组织内的人们自觉去接受其影响。三是知识因素。领导才能是以知识为基础的，领导者的知识面越宽，眼光就越远，办事情就越周到细致，威信也就越高。领导者在具备过硬思

想政治素质的前提下，还具备丰富的专业知识，人们就会对他产生信赖感，增强其非权力性影响力。四是感情因素。感情因素是一种心理因素，领导者情商高，与群众建立了良好的感情关系，就会在群众心目中有适当的位置，这无形中就能产生一种强大的影响力。

（二）科研单位领导者非权力性影响力的特殊性表现

（1）科研单位区别于其他社会组织管理的特殊性。一是科研单位与其他社会组织相比，管理工作具有自己的原则要求。始终以服务于学术管理，为学术的发展（含科研、社会服务和部分教学）而创建机制和体制，是行政管理与学术管理的有机结合。二是科研单位的管理工作还具有独特的运作模式。社会责任、专业精神、人文情怀等文化力量始终优于刚性的管理运作。

（2）科研单位领导在管理过程中存在的普遍现象与特点。在很多科研单位，年轻科技人员走上领导岗位，他们专业技术突出，但行政管理能力略显生疏，主要表现在：一是对自身从事的专业技术学科领域研究广泛，但对全单位全局性的组织、管理与统筹不足。二是因工作需要，半路专程学习了领导管理理论，但缺乏实践经验，不能很好地与科研工作相结合。三是多为“双肩挑”人员，精力有限，对具体性事务投入较多，而对如何“管人”，如何“用人”投入不足。

（3）领导者的非权力性影响力的特殊性表现。基于科研单位管理的特殊性和科研单位领导者的管理特点，决定了在科研单位这个特殊组织里，领导者的非权力性影响力还有以下特殊性表现：一是领导者要具有专业水准的科研改革者形象。科研机构，是拒绝平庸和碌碌无为的环境。在广大职工的内心，希望领导者具有专业水准（包括管理理论与实践的结合、管理对科研的服务等）、有独到见解和创新改革的魄力，能带领大家推动科研机制改革，从而推动单位跨越式发展。所以，作为科研机构的领导者，其影响力必须源于对科研环境、学术规律的把握和对科研机制、科研环境改变的能力。二是领导者要具备学术特色的学术研究者与管理者的形象。学术权威、学术评价在科研机构是第一位的。领导者的领导行为，在很多场合和内容上，都必须以学术的方式对待，体现为科研机构的领导者，要塑造学术特色的学术研究者和学术管理者的形象。三是领导者要具备坚定理念、坚忍不拔的奋斗者形象。科研机构最怕墨守成规，注重创新、攻坚、协作、吃苦与毅力，这样才能推动科研事业的发展。在此意义上，需要领导者表现出对科研改革理念大力推动和实现的坚定、坚毅，以及塑造坚忍不拔的锐意创新者形象。

三、提升科研单位领导者非权力性影响力的途径

（一）培养品德，塑造高尚人格

科研机构的领导者在和下属交流的过程中要表现出良好的道德操守和行为品质。要树立正确的世界观、人生观和价值观，增加党性修养，做到居安思危；要是一个正直的人，一个有识人之明和容人之量的人；要志向坚定，有投身于科研事业的奉献精神和百折不挠的意志；要艰苦奋斗，锐意改革，耐得清贫，经得起考验。

（二）提高能力，掌握过人才能

科研机构的领导者肩负着引领科研事业发展的重任，要具备驾驭全局、指导实践、正确解决问题的能力。需着力培养领导者辩证统筹的思维力、科学民主的决策力、敢为人先的创造力和攻坚克难的执行力。领导者需以身作则，表现出良好的工作精神，同时对下属严格教诲，以自己的敬业精神约束下属。

（三）善于学习，具备渊博知识

增强学习力，实质上就是提升领导科学发展的能力。知识更新速度的加快与科研事业发展的迫切需要，亟须科研单位的领导

者必须与时俱进，提高专业知识、政治水平和法律、管理等综合知识的学习。

（四）体恤下情，做到情为民系

领导者在执政过程中，要努力做到一碗水端平和设身处地的考虑，“情为民系、权为民用、利为民谋”，注重有效的沟通来影响上下级关系与互动，其影响力自会不期而至、深入人心；领导者要在下属中发挥感情的影响力，还要克服官僚主义的领导作风，改进工作方法，真正做到动之以情、晓之以理，以获取真正意义上的感情沟通。

（五）协调矛盾，掌握用人技巧

人的问题事关科研机构的生存和发展，用好人、巧用人，才能创造和谐的科研氛围。为此要做到：一是巧妙协调人际关系及群体矛盾。要关心科技职工业务和生活需要，多办实事，建立领导威信；对待矛盾，原则问题要坚决果断，未做调查不轻易表态，事关职工切身利益的事宜领导班子要统一口径，在原则性和灵活性之间找突破口。二是以人为本发挥人才优势。用人之长，不失时机的启用敢于创新的青年科技人员；为下属创造宽松的科研工作与生活环境，构建开放和包容的组织文化，容忍一定的非主观性失误，充分发挥其主观能动性；容纳和自己意见不合的人才，发挥科研机构中各民主党派人士的能量。

（六）集思广益，注重有效授权

一是领导者要学会集思广益，善于利用组织赋予的权力和自身的智慧，民主科学地利用各种资源，最终从多个方案中综合归纳出切实可行的决策。二是在决策实施和工作开展的过程中，领导者要敢于授权。①要根据被授权者的能力决定授权范围和大小，既要避免强人所难，又要避免大材小用；②同时，要做到授权不授责，出现问题，领导者要主动承担责任，使被授权者感到强大的精神支撑，有利于共同纠偏；③另外还要防止逆向授权。

科研单位常常出现基层部门该解决的问题推到领导层面解决，请领导拍板，形成逆向授权，造成领导者疲于应付，难以集中精力干大事的现象。所以，领导者应敢于改革反馈机制，部门能处理的绝不能推给分管领导，分管领导能处理的决不提交所长办公会或所务会讨论。

（七）掌控时间，革新督导艺术

一是领导效率会影响下属的时间观，从而影响整个单位的效率，领导者要学会掌控好时间才能产生良好的影响力。要合理安排时间。科研单位的领导者大多还承担一定的科研任务，所以，要充分考虑管理岗位的性质和科研工作的时效性与季节性，统筹兼顾；要少开会、开短会。会前做好充分调研与准备，不成熟的议题不提交上会，注重各领导间的会下交流。二是领导者要革新督导艺术，确保决策执行与会议精神、领导意图的一致性。因此，要加强自身政治和业务水平学习，业务娴熟督导工作才能令人信服；督导过程中要平易近人、及早预见、及时解决；要注意督导方式，充分考虑知识分子和科研活动的特殊性，多采取非正式沟通、个别交流的方式。通过督导艺术的提高，有利于提升科研单位领导者的非权力性影响力，促进科研事业的高效发展。

第四节　规划“三类”人才队伍建设

农业科研机构要发展，不仅要提升领导者的管理素质和管理水平，也要加强职工队伍的建设。在农业科研机构，职工队伍按岗位设置分为 3 类，即：管理人才队伍、科技人才队伍和工勤技能人才队伍。3 支队伍建设，以科技人才队伍建设为抓手，重视管理和工勤技能人才队伍建设，形成布局科学、结构合理、相互支撑发展的人才队伍。

通过提高“三类”人才队伍对组织的认同度和归属感、通过优化人才队伍结构、通过丰富多样的培训方式和保障措施，来提高“三类”人才的人员素质，同时提供良好的可持续向上的发展平台。

一、规划“三类”人才队伍建设，提高人才素质

（一）规划科技人才队伍建设

1. 强化科技人才规划布局、优化整合专业技术岗位分布

一般农业科研机构的科技人才队伍占人才资源总量的70%～80%，要以基本满足科学研究需求为重点，在人才规划中注意合理规划重点创新领域的人才资源布局，优化专业技术岗位分布。

2. 重视重点学科岗位设置

重点学科要保证人才结构与梯队建设，不仅要有高级人才，还要培养年轻科研人员，注意“传帮带”，将研究成果代代传承。

3. 发挥高层次人才的科技水平

坚持引培结合、以培为主的方式，强化高层次人才队伍建设。一是加大高层次人才的引进和培养，引进知名专家和学科领军人才，同时培养在国际国内有影响力和能把握学科发展前沿、并得到国内外同行认可的重大项目主持人或负责人，为农业科研机构的可持续发展提供人才支撑和智力支持；二是加大国际合作与交流，立足农业科研机构在国内外建立的合作培养平台，充分发挥国内外科研院校的战略合作，重点支持、鼓励35岁以下青年科技人才开展学术交流、留学等；三是加强创新团队建设，以条件平台建设为依托，以重点项目课题为支撑，建立学科创新团队，形成一批以学科带头人为核心，以科研骨干为主体，专业人才和科研辅助人员相配套，优势互补、团结协作，竞争有力，在国内外具有一定影响和发展潜力的紧密型创新研究群体，争取并

承担各类国家级和省部级重大科研计划项目，培育和产生具有国内外重要影响的原创性科研成果。

（二）规划工勤技能人才队伍建设

围绕科技重点和任务，调整优化工勤技能人才队伍的布局。一是加大工勤技能人才的引进和培养，立足现有人员，重点在仪器设备维护、实验室管理、水电维修、安全生产等方面，从农业院校、取得资格证书的工人中招聘一批具备精湛操作技能，具有丰富工作经验，并在实践中能够解决关键技术技能的实用人才；二是要鼓励和支持社会化服务体系的建设，针对大多数工勤技能人员学历水平较低的实际，举办农业科技开发、服务理论和方法的培训班；加强实践锻炼，选派工勤技能人员到兄弟院所参加学习合作；三是加强思想道德教育，加强政治思想和职业道德教育，培养他们献身科研、精益求精、甘当配角的精神。

（三）规划科技管理人才队伍建设

加强管理队伍建设。一是建立"按需设岗、公开招聘、平等竞争、择优聘任、严格考核、责任管理"的干部选拔、任用、考核体系，选好、用好、培养好干部；二是加强干部培训和后备干部培养，鼓励管理干部通过学历教育、业务培训、岗位交流，强化知识更新和实践锻炼，提高综合素质和业务水平；三是引导干部切实树立为科研一线服务的意识和管理就是服务的理念，培养甘为人梯的奉献精神，积极搭建为科研人才发挥作用、施展才能的舞台。力争通过管理人员有效的管理与服务，努力创造拴心留人、鼓励创新的良好科研和工作环境。

二、注重保障措施，提供人才发展平台

（一）加强人才工作的组织领导

高度重视，成立人才工作领导小组，负责农业科研机构的人才队伍建设工作。制定好中长期的人才队伍建设规划和年度计

划，并抓好抓实；加强人才队伍建设的规划编制和制度建设，确保工作规范有效。

（二）机制体制创新

根据农业科研机构岗位设置管理制度改革、职称制度改革要求，全面推行聘用制和岗位管理，逐步建立人员能进能出、职务能上能下、待遇能高能低的新机制，形成人才辈出的良好环境。探索目标责任管理体系，突出以绩效评价为取向，以量化考核为主导，力争客观、公正、准确地对科研团体和个人进行评价，并将评价结果与人员聘用、职务晋升、待遇等挂钩。

（三）多渠道筹措人才建设经费

每年安排一定数额的经费用于人才引进和在职职工的教育培训；加大开发力度，开发净收入要预留一定额度的人才基金，促进本单位人才队伍建设；多渠道筹措经费，规范合理地使用财政资金，加快改善科技人才工作和生活条件，加快人才队伍建设。

（四）开展多种教育培训

多渠道、多形式培养锻炼干部。第一，针对科研人员，要充分利用国际和国内两种教育资源，建立学历提高、长期培训与短期培训相结合，访问交流与进修、合作相结合的多渠道、多层次、开放式的多种教育培养模式，以提高科技人员的学历层次、学习能力和创新能力。第二，针对管理人员，要通过学历教育、业务培训、强化知识更新等途径，提高综合素质和业务水平。第三，针对工勤技能人员，要通过学历教育和技能培训，提高学历层次和技能水平。以上各类人员在加强科学知识的提高上，都要同时加强政治思想和职业道德的教育。

（五）建立健全人才激励机制

建立健全一整套人才培养的激励机制。要逐渐完善学科带头人带动研究团队的组织新模式，完善岗位分类管理、岗位聘用制度，建立定量和定性相结合的人才选拔、培养、评价、考核办法，建立新的收入分配与奖励制度，加大对重要人才和重要岗位的支持力度。

（六）改善人才环境建设

营造良好的科研创新的大环境。努力营造宽松和谐的学术氛围和人际氛围，营造“科学民主、协同高效”的创新团队氛围；努力营造人才辈出、人尽其才的人才发展环境，用事业造就人才、用环境凝聚人才、用机制激励人才、用制度保障人才；努力建设和谐进步的创新文化，重视个性，鼓励和培育科技人员的创新积极性，激发创新思维，活跃学术气氛；努力创造培育机会均等、地位平等、竞争公平的科技竞争氛围；努力提供服务优良、环境优美、生活舒心的生活氛围，真正做到“事业留人、感情留人、待遇留人”。引导广大科技人员恪守职业道德，坚持脚踏实地、孜孜以求，弘扬无私奉献、求真务实、开拓创新精神。

第五章　人力资源管理案例研究

从事人力资源管理研究，并不仅仅从人力资源管理“六大模块”进行逐个研究，也不可能仅仅局限于微观层次的研究，往往还涉及全局性的分析和研究。如何有针对性地开展特定对象的人力资源管理研究，以下两个案例可以供大家参考。

对特定研究对象进行人力资源研究，可以考虑从以下方面进行思考：研究背景、现状（内外部环境）、存在问题、有针对性的对策与措施。着手点，既可以从人员情况入手，也可以从规范工作行为入手，还可以考虑如何采取措施提高工作绩效。

在研究过程中，可以从被研究对象的战略人力资源管理、职能人力资源管理和素质人力资源管理的主要内容点去考虑，但并非面面俱到，针对不同的研究对象要有所侧重。人力资源管理不是一个孤立的学科，研究案例时要多结合组织行为学、经济学、管理学等学科知识进行分析，才可以取得有效的研究成果。

第一节　案例之一

——海南省农业科研机构人才队伍建设

本文的研究对象为海南农业科研机构的人才队伍建设情况，研究客体为海南农业科研机构的各类人才，包括了农业科技人才（即科研、推广人才和实用技术人才）与农业管理人才。

农业科技人才是指从事农业科技研究、推广、传授及农村实用技术人才，前者以农业科研院所、农技推广部门的专业人员为主，后者主要是应用、接受推广农业科学技术的人才，即乡土人才。本文研究的农业科技人才主要是从事科研、推广和实用技能的人才。

人才对海南农业发展的贡献。海南省自2004年实施人才工程以来，大力引进农业科技与管理人才，优化人才结构，为海南农业发展作出了显著的贡献：这些人才带来了先进的农业管理理念，传统农业向现代农业转变；提供了先进的农业技术支撑，带动了海南省农业科技创新能力；加强了与国际的合作与交流，“走出去，带进来”，使海南的农业发展前景更为广阔。

一、研究背景

2010年1月，海南国际旅游岛启动建设。海南省政府把建立国家热带现代农业基地作为国际旅游岛建设内容之一，提出了建设全国冬季菜篮子基地、热带水果基地、南繁育制种基地、渔业出口基地和天然橡胶基地的发展目标。目前，海南每年贡献着全国50%的天然橡胶和95%以上的胡椒、椰子、槟榔等热带农产品，全国人均每年消费海南的瓜果菜达4千克，提供各类商品种子约2 600万千克，为国家的农产品安全作出巨大贡献。科技创新与推广是促进农业发展的重要途径。自2004年海南省第一次人才工作会议之后，海南高度重视人才队伍建设，全省农业科研机构人才队伍建设也取得了一定的成绩。但与面临的新形势、新任务和新要求相比，还有很大的差距。本文着重分析海南农业科研院所人才队伍建设情况，提出促进海南农业科技人才发展的对策和建议。

二、对比国外农业科研推广体系成效与人才建设措施

据统计，截至2011年上半年我国拥有农村实用人才820万人，农业科研人才6. 3万人，农技推广人才56万人，占全国人

才资源总量的近8%。与新时期农业农村经济发展对人才的需求相比，我国农业农村人才队伍建设还存在较大差距，主要表现为：人才总量不足，农村实用人才占农村劳动力的比重仅为1.6%；整体素质偏低，农村实用人才中受过中等及以上农业职业教育的比例不足4%，农业科技人才中大专以上学历的比例不足50%；结构不够合理，高层次创新型人才和农村生产经营型人才严重缺乏；投入严重不足，农业农村人才培训经费总量少，农民培训项目的覆盖面还不到5%；人才流失严重，培养出来的人才适应性不强，等等。

从农业科研人才来看，美国、日本、德国等发达国家每万名农业人口就有40多名农业科技人才，而我国现在还不到10名。这种状况不仅与发达国家存在明显差距，也与我国农业的基础地位很不相称。另外，“十一五”期间，我国农业科技转化率只有40%左右，远低于发达国家80%以上的水平。究其原因，核心问题还是缺乏与生产相结合的科研人员，尤其缺乏在一线推广、普及、转化农业科技成果的人才。下面简要介绍一下美国、以色列和巴西的经验和措施，以对我国农业科技人才建设提供参考。

（一）美国的经验和措施

美国农业科研体系主体主要由联邦农业部科研机构、赠地大学的农业科研机构和私人企业科研机构等3方面组成，联邦农业部所属农业科研单位主要承担国家级项目及重大紧急项目，各州的农业科研机构设立在各州赠地大学农学院，负责研究各州的农业问题。农业科技推广机构主要由联邦农业科技推广局、州立大学农学院（州推广中心）、县推广站三级网络组成，州立大学农学院推行科研、教育、推广三结合的模式。

农业科技人才建设的政策措施主要包括：一是卓有成效的“三位一体”体系。美国农业的最大成功得益于科研、教育、推广三结合的“三位一体”体制，即由各州农学院（即“赠地学院”）同时承担研究、教育和推广3项任务，教学工作主要在农学院本部，农学院下设农业实验站及若干示范点是主要的科研机构，每县设一个农业推广站作为主要的推广机构；推广站应尽量提供满足农业生产需要的服务；并由联邦和州县共同承担推广费用。该体系还由法律法规来加以固定，美国联邦政府颁布了《哈奇法案》和《史密斯—利弗法案》，通过立法手段确保农业教育、科研和推广的优先发展。二是人才聘用和激励制度。联邦农业部科研机构、赠地大学的农业科研及推广机构的岗位都采取聘用制，一般来讲是先有岗位，然后寻找能胜任这一岗位的人员，受聘人员的研究水平、推广能力与薪级挂钩，大大激励着科学家更好的从事科研工作，更多的拿课题。三是人才引进措施。美国非常重视人才引进工作，通过提供先进的研究设备、充足的研究经费、丰厚的薪酬和晋升平台等优厚条件来吸引国外优秀的科研人才的不断加入。四是教研一致的考核机制。美国各州的农学院是各州农业科研与农业推广的主体，农学院的每个教授均承担着不同比例的教学、科研和推广任务，在工作量的分配上一般情况为科研与教学各占50%或75%与25%。农学院对教授要求必须兼有教学、科研和推广3个方面或至少2个方面的工作，并将各方面的工作都作为考核的重要内容和加薪、提职的重要依据，既促进了3方面工作的有效开展，也使教授更加注重研究和解决农业实际生产中的问题。这是教学、科研和推广三者协调统一的人员保证。

（二）以色列的经验和措施

以色列是世界农业科技最发达的国家之一，农业的科技贡献率达96%，其高度发达和集约化的农业是以强大的农业科研、教育和推广体系作为后盾和支柱的。以色列农业科研机构主要由独立的公益性研究机构、农业科教机构和公司类社会研究机构组成，以色列农业科技推广系统主要由国家农业技术推广中心和区域推广服务中心两个层次组成。不仅推广中心，甚至每一个科研机构都要定期将研究成果应用于农业生产，使这些研究成果迅速转化为科技生产力。

农业科技人才建设的政策措施主要为：一是重视教育，注重优化科研人员结构，以色列大学以上文化程度的人占全部劳动人口的15%，全国从事研究与开发的科学家和工程师达7.6万人，每1万名工作人口中有4.6人具有自然科学高等学位（硕士、博士），相对于发达国家美国和日本，每万名工作人员中分别只有2.6人和0.5人具有硕士以上学位，以色列的科研人才学历水平远远超出了一大截。二是重视科研人员亲自践行推广工作，以色列支持与鼓励农业科研人员和推广人员结合自身的专业知识，启动或联办民营示范农场、发展科技型开发企业、促进培训和建立示范基地，直接传播农业新技术和新品种，农业新成果、新技术得以最快地应用和推广，直接惠及农民。三是重视农业专家对农业人才的培训，国际农业培训中心每年都免费开展培训教育，农业专家亲自授课，讲授知识涉及水利、气象、农产品贮藏加工等方面。

（三）巴西的经验和措施

巴西农业资源得天独厚，甚至有专家认为，巴西将是“21世纪的世界粮仓”。在巴西经济不景气的情况下，巴西的农业依然能够较好的发展，从一个粮食进口国转变为世界大粮仓之一，除了资源优势，与巴西重视农业科研的力量也不无关系。“巴西农牧业研究公司”和“巴西农牧业技术推广公司”是巴西主要的农业科研与推广机构，均隶属于巴西农业部。目前，巴西农牧研究公司拥有高级农业科研人员2 000人，在全巴西有41个农业研究中心，是全球发展中国家中最大的农业科研机构之一，运作资金来源于联邦政府拨款和联合国粮农组织及私人企业委托的研究项目所拨付的项目经费。与社会和企业的良好对接，使它能从农业第一线去考虑研究与成果的转化，自它成立至今22年时间，共推出农业科研成果约8 000多项，投资回收率高达43%。

农业科技人才建设的政策措施主要为：一是注重农业科学研究投入。近10年，巴西农业生产能力增长70%，而同期种植面积仅仅从3 780万公顷增加到了3 970万公顷，可见，农业生产能力的增长靠的是科技，靠的是对全球新技术的开放接纳。根据巴西立法规定，国家每年要将当年税收总额的17.5%用于农牧科技项目。二是优化高级农业科研人员结构。巴西主要农业科研机构是巴西农牧业研究公司，员工有8 421人，拥有高级农业科研人员2 000人，占比23%。三是高度重视农业推广工作。巴西主要的农业推广机构是巴西农牧业技术推广公司，为农业部直属单位，职能是将巴西的农业新成果新技术直接传授给一线的农业生产者，为广阔的农村提供技术推广和服务。公司在全国各地设有2 500多个办事处，共有职工2.3万名，其中：1.3万人为农业科技人员，超出总数的一半。四是注重国际科研合作。巴西注重拿来主义，擅于与其他国家建立联合实验室，加强技术交流，提高科研人员的创新能力，通过大规模的改良，大大提高了巴西农产品的产量与品质。五是加强人才管理，出台双重国籍制度吸引了大量科技和推广人才的流入。

（四）对我国农业科技人才建设的启示

当前我国农业科研存在成果转化率低、转化时间长的问题。“十一五”期间农业科研机构成果转化率为42%，农业高效转化率为37%，这与发达国家70%到80%的水平相差较远，以上国家的农业科技人才建设经验给我国提供了很好的借鉴，我国可采取以下措施来着力建设农业科技人才队伍。

1. 进一步完善农业推广体系，促进农业科技人才建设

一是借鉴从美国、以色列和巴西等国家的成功经验，确定一个权力相对集中的主管部门来协调和管理各农业科技服务部门，避免多头管理，从而让部门之间、地方之间的分工科学，减少推诿现象，提高工作效率。二是要结合国情完善农业科研教育和推广体系，加强部门协作，理顺体制机制，加快产学研合作，促进农业科技与农业生产的有效结合。三是要完善农业技术推广组织，增加农技推广经费，逐步运用各种平台和体系，采用现代化的综合推广手段，提高推广人员福利，拓宽推广人员的晋升平台；要不断提高推广人员队伍的技能水平和综合素质，开展定期或不定期培训。

2. 进一步完善科研体制机制，促进农业科技人才发展

一是要精简、优化农业科研机构，整合科技资源，优化机构，明晰责权，提高研究水平、管理水平和服务水平。二是改变科研机制，依据项目、课题推行科研人员聘用制度，根据科研发展思路和人才发展规划，通过重点实验室和重点学科建设，争取大项目大合作，以项目带动人才培养和人才聘用。三是构建适合不同类型、不同岗位的科学评价体系和人才评价标准，建立定量和定性相结合的人才选拔、培养、评价、考核办法，健全科研单位分配激励机制，完善岗位绩效工资制度，进一步提高农业科技人才的积极性和创造性。

3. 进一步发挥农业院校作用，促进农业科技人才培养

改革高等农业院校的体制机制，发挥农业高等院校在农业科研教育和推广中的作用，做到科研教学推广三结合，增加农业高等院校参与农业科研教育和推广中的比重，鼓励在校大学生参与农业科研单位开展科研工作，下到田间地头，从事农业科技服务和科技推广工作；制定激励政策，引导农业高等院校毕业生到农村一线工作，充实农技推广队伍，为农业科技人才培训增添新鲜血液。真正实现教学科研推广工作的有效结合，进一步发挥农业高等院校培养农业科技人才的重要作用。

三、海南农业科研机构人才现状分析

（一）人才规模与人员结构

目前，海南省主要农业科研机构有中国热带农业科学院、海南省农业科学院、海南省农垦科学院、海南省林业科学研究所和三亚南繁科学院等5家，分别隶属于农业部、海南省政府、海南省农垦总局、海南省林业局和三亚市政府。根据农业部“十一五”农业科研机构综合科研能力评估中的指标体系，科技队伍建设情况主要从科技活动人员数、高级专业技术人员比例和硕士学位及以上人员比例3方面来进行考核。而农业科研机构科研综合能力评估是农业部组织的在全国范围内对独立的农业科研单位进行科研综合能力评估的权威性评估，通过对全国综合实力100强农业科研单位进行挂牌，并根据评估结果在项目安排上给予优先、稳定的支持，以达到“以评促建”的目的。本文选取科研人员数、职称和学历等3个方面，对海南和全国农业科研机构进行人才结构对比，见表5-1。

表5-1　海南省2011年主要农业科研机构与全国农业科研机构人员结构对比

单位	人员数量（人）	职称结构（人）				学历层次（人）			
		正高	副高	副高以上占比（%）	中级及以下	博士	硕士	硕士以上占比（%）	其他
中国热带农业科学院（隶属农业部）	2 976	87	216	10.2	2 313	189	386	19.3	2 401
海南省农业科学院（隶属省政府）	227	22	39	26	166	11	38	21.5	178
海南省农垦科学院（隶属海南农垦总局）	483		12	2.5	471	7	27	7	449

（续表）

单　位	人员数量（人）	职称结构（人）				学历层次（人）			
		正高	副高	副高以上占比（%）	中级及以下	博士	硕士	硕士以上占比（%）	其他
海南省林业科学研究所（隶属海南省林业局）	135	13	9.6	125		26	19.3	109	
三亚南繁科学技术研究院（隶属三亚市政府）	63	5		7.9	58	12		19	51
合计	3 884	394		10.1	3 490	696		17.9	3 188
全国农业科研机构（“十一五”农业科研机构综合科研能力评估参评单位）	63 611	5 438	12 825	28.7	45 348	4 487	11 585	25.2	47 539
与全国农业科研机构人员结构的百分比对比				-18.6				-7.3	

（数据来源于农业部“十一五”农业科研机构综合科研能力评估结果）

由表5-1可见，2011年海南省主要农业科研机构总人数为3 884多人，而海南农村人口约700万人，海南每万名农村人口仅有5名农业科技人员，与全国标准持平，但与美国、日本等发达国家每万名农村人口高达40多名农业科技人员相比，明显不足，可见，海南农业科研机构人数总量亟须大量增加；从人员职称结构来看，副高以上394人，占比10.1%，与全国农业科研机构副高以上人员占28.7%相比，低于全国18.6个百分比，可见，海南农业科研机构的高级专业技术人员比例明显偏低，有待于大幅增长；从人员学历层次来看，硕士以上人员696人，占比例仅为17.9%，与全国农业科研机构硕士以上人员占25.2%相比，低于全国7.3个百分比，可见，海南农业科研机构硕士以上人才缺乏，博士以上高层次人才更是紧缺，从业人员的知识层次亟须进一步优化与提升。

（二）出台的相关政策措施

近年来国家和海南省高度重视海南农业和农业人才的发展，出台了不少相关文件和办法来规范和指导海南农业科技人才发展方向和目标。自2004年海南省第一次人才工作会议之后，截至2010年，海南省共出台人才工作方面的政策法规47部，涵盖了人才投入、培养、吸引、使用、评价、流动、激励和保障等各个方面。各项政策措施的出台，将有力推动海南农业人才和农业科研机构人才队伍的建设。

四、对比南方13省与海南省的农业科技人才情况

农业竞争的实质是农业科技的竞争，提升农业整体的竞争力，迫切需要加快农业科技创新步伐。本文以南方13省区为例，对比分析各省农业科研人员为农服务统计情况和农业耕地所拥有的农业科研人员数（农业科研人员密度）。从表5－2和表5－3可知，海南的每一名农业科研人员为农服务情况和农业科研人员密度均低于全国平均数，其中：海南的每一农业科研人员为农服务水平低于全国标准和东部发达省份，略高于中西部省份；而海南的农业科研人员密度仅高于安徽、湖北，却远低于东部发达省份，甚至低于云南、江西等中西部省份，可见，海南农业科技人才为农服务的负担较重，亟须改善。

表5－2　每一名农业科研人员为农服务统计（2009年）

地区	总人口（万人）	农业人口（万人）	农业人口占总人口比例（%）	农业科技人员（人）	每万农业人口有多少农业科技人员服务（人）
全　国	133 474	71 288	53.41	1 102 870	15
云　南	4 571	3 017	66.00	41 500	14
浙　江	5 180	2 181	42.10	25 429	12
福　建	3 627	1 763	48.60	19 705	11

（续表）

地区	总人口（万人）	农业人口（万人）	农业人口占总人口比例（%）	农业科技人员（人）	每万农业人口有多少农业科技人员服务（人）
江　苏	7 725	3 430	44.40	36 997	11
四　川	8 185	5 017	61.30	54 197	11
海　南	864	440	50.87	4 197	10
湖　南	6 406	3 639	56.80	35 380	10
贵　州	3 798	2 663	70.11	27 414	10
广　西	4 856	2 952	60.80	25 432	9
江　西	4 432	2 518	56.82	23 054	9
湖　北	5 720	3 089	54.00	24 369	8
安　徽	6 131	3 550	57.90	23 508	7
广　东	9 638	3 528	36.60	21 789	6

（数据来源于《中国统计年鉴2010》，中国统计出版社）

表5－3　耕地面积和农业科研人员分类对比（2009年）

地区	农业科技人员（人）	耕地面积总资源（千公顷）	比重（%）	每千公顷耕地拥有农业科技人员数
全　国	1 102 870	121 715.9	100.00	9
福　建	19 705	1 330.1	1.09	15
浙　江	25 429	1 920.9	1.58	13
湖　南	35 380	3 789.4	3.11	9
四　川	54 197	5 947.4	4.89	9
江　苏	36 997	4 763.8	3.91	8
江　西	23 054	2 827.1	2.32	8
广　东	21 789	2 830.7	2.33	8
云　南	41 500	6 072.1	4.99	7
贵　州	27 414	4 485.3	3.69	6
广　西	25 432	4 217.5	3.47	6
海　南	4 197	727.5	0.60	6
湖　北	24 369	4 664.1	3.83	5
安　徽	23 508	5 730.2	4.71	4

（数据来源于《中国统计年鉴2010》，中国统计出版社）

五、海南农业科研机构人才队伍建设的瓶颈问题

近年来海南热带现代特色农业加速发展，但在向现代农业转型的过程中，也还存在着各科研机构缺乏统筹协调、农业科技转化率低等影响海南农业发展的瓶颈问题，从人才队伍建设方面来看，主要存在以下问题。

（一）热带农业科研人才短板，整体实力不强

我国热带区科研单位大多起步较晚，整体科研条件薄弱，热带农业科研起步较晚。海南作为我国唯一的地处热带地区省份，科研人才、科研能力都与欧美的一些发达国家有一定差距。目前，欧美的一些发达国家已掌握了大量核心关键技术，力图抢占热带农业科技竞争的制高点。相对来讲，我国海南省农业科技尖端人才和学科带头人缺乏，导致热带农业高新技术研究乏力。

（二）农业科研人才职称、学历结构偏低

从表 5－1 可见，与全国农业科研机构人员结构相比，海南省农业科研机构副高以上人员占比和硕士以上人员占比分别低于全国平均数的 18.6 个百分比和 7.3 个百分比。

（三）农业科研人才总量不足，人才结构性矛盾仍较突出

通过表 5－2、表 5－3 可知，海南的每一农业科研人员为农服务情况和农业科研人员密度均低于全国平均数，可见，海南农业科研人才较缺乏，为农服务的负担较重。

（四）人才激励机制不健全，人才发挥效能不够

由于薪酬等与发达省份有差距，加上缺乏重大项目支持，科研人员感觉发挥作用的舞台和空间不够宽广，难以吸纳集聚人才；同时海南各农业科研机构的绩效评估体系普遍存在量化指标泛泛、模式化的现象，没有针对性的根据不同的人才结构来完善分配、激励和保障体系，难以激发人才最大限度的发挥作用，农业科技创新动力不足。

（五）科研管理体制亟须改进

海南各农业科研院所隶属关系不同，项目难以统筹协调，而单个院所受限于科研资源的约束，难以独立承担重大项目，因此，不能形成从基础理论到生产应用的系统研究，科研资源不能得到较好的整合；另外，由于对科研院所的考核只涉及每年新出的科研成果，比如发表论文的数量、完成科研项目的多少，科研项目在国家评审之后就算完成了，这使院所过于追求论文和科研项目的数量，很难形成全新的、长期性的基础研究以及农业生产所需要的研究；并且农业科研与农业生产存在脱节现象，农业科研成果转化率低。

六、对策和解决办法

（一）加强人才规划

加强人才队伍建设，必须规划先行。可通过策划有针对性、代表性的重大人才工程，确保人才工作规范有效，加大各类人才引进力度，特别是高层次科技人才；加强人才信息统计工作，建立人力资源年度统计调查和定期发布措施，提高人才管理的信息化水平，保证规划和重大人才工程的顺利实施。

（二）深化用人制度改革

规范按需设岗、竞聘上岗、以岗定薪、合同管理等环节，科学合理使用人才；人事档案管理逐步推行人事代理制度；建立人才流动制度，鼓励各科研单位采用客座、特聘、项目合作等灵活的用人方式；依据项目、课题推行科研人员聘用制度，以项目带动人才培养和人才聘用；充分利用国内和国际人才资源，充分发挥多学科和联合攻关的优势，鼓励科研人员进行横向联合，实现人才资源跨学科、跨专业、跨部门的优化组合和优势互补。

（三）完善激励机制

坚持重能力、重实绩、重贡献，做到一流人才、一流业绩、一流报酬，充分体现人才价值。根据马斯洛的需要层次理论，重点满足不同人才的不同需求层次，根据不同的人才结构来完善分配、激励和保障体系，建立和完善绩效和贡献紧密联系的激励和保障机制，构建适合不同类型、不同岗位的科学评价体系和人才评价标准；完善专业技术职务评聘、专家人才推荐选拔、专业技术人员考核评价和单位业务考评等制度，建立定量和定性相结合的人才选拔、培养、评价、考核办法；建立知识、技术、管理、技能等生产要素按贡献参与分配的制度；健全科研单位分配激励机制，完善岗位绩效工资制度；建立新的收入分配与奖励制度，突出以绩效评价为取向，以量化考核为主导，在收入分配上加大对重要人才和重要岗位的支持力度；对柔性引进的人才和智力，制定专门的激励政策和待遇标准。

（四）创新考核评价机制

结合 360 度考评（全视角考评）和 KPI（关键绩效指标）探索和制定定性考核和定量考核相结合的考核评价制度。360 度考评是一个定性考核的过程，评价较全面、公正，但不可避免存在人为主观影响，所以，要结合 KPI 来进行定量考核，KPI 是 360 度考评有效的补充。根据海南各农业科研机构的实际，应采取以下 3 项措施：①探索目标责任管理体系，突出以绩效评价为取向，以定量考核为主导，以聘用合同书为依据，把工作能力、业务水平以及服务对象的满意程度作为考核的重要依据，重点考核工作实绩，通过上级、平级的不同权重，力争客观、公正、准确地对科研团体和个人进行评价，并将评价结果与人员聘用、职务晋升、待遇等挂钩。②探索推行人员分类考核评价制度，构建适合不同工作类型、不同岗位的科学评价体系和人才评价标准。③完善专业技术职务评聘、专家推荐选拔、专业技术人员考核评价和单位业务考评等制度，力争客观、公正、准确地对人才进行评价。

（五）创新农业科技管理机制

推进农业科技管理体制机制创新，为人才队伍建设提供支撑。①进一步建立健全现代农业科研院所制度，完善院所长负责制度、学术委员会制度、职工代表大会制度和人员评聘制度，构建以对生产实际贡献为导向的绩效考核奖励制度。②完善科技管理机制。建立基础研究和重大关键技术研究稳定支持机制，巩固各机构联合协作机制，及优化区域农业科学研究和人才培养机制，适时进行科研机构调整与改革，建立人员激励与约束机制。③提高农业科技成果转化率。大力培养与培训农业专业人才与复合型农业科技人才，大力普及与提高农业科学技术；重视科研成果与当地生产实际相结合，充分发挥农业科研人员所掌握的科学技术及其科技成果，鼓励和动员省市级农业科研人员下基层传播农业科学技术，直接为农业生产第一线服务。

（六）加大教育培训力度

充分利用国内外教育资源，建立学历提高、长期培训与短期培训相结合，访问交流与进修、联合培养与合作研究相结合的多渠道、多层次、开放式的多种教育培养模式，以提高职工队伍的学历层次、学习能力和创新能力。培养方式要朝两个方面转变：从学历培养转为岗位能力培养为主，从个人培养转为团队培养为主。鼓励现有科技人员通过联合培养或在职培训的方式提高学位；鼓励科技骨干到知名的科研教学单位从事相关博士后研究；资助科研骨干在职进修；鼓励管理人员通过学历教育、业务培训、强化知识更新等途径，提高管理人员综合素质和业务水平；统筹抓好高技能实用人才以提升职业素质和职业技能为核心的培训，不断补充具有较高学历和能力的人员，从事具有较高技能水平科研辅助工作。

（七）优化人才发展环境

努力营造宽松和谐的学术氛围和人际氛围，营造以人为本、人尽其才的人才发展氛围。①构筑人才发展保障环境。改善人才工作、生活条件，为人才提供良好的发展平台以及和谐的生活工作环境；加强对科学人才观和优秀人才事迹的宣传，形成“尊重劳动、尊重知识、尊重人才、尊重创造”的浓厚氛围，为人才发展营造良好的社会环境；发挥学术民主，倡导百家争鸣，培育机会均等、地位平等、竞争公平的科技创新氛围。②构建汇聚人才的创新平台。抓住国家扩大内需，加大科技投入和构建国家农业科技创新体系的有利时机，积极组织建设一批国家和部省级重点实验室、试验基地等科技基础条件平台建设，创新人才组织形式，发挥科技平台汇聚人才的作用，打造优秀拔尖创新人才为核心的高水平创新团队和学科群体。

（八）加大人才发展资金投入

构建争取上级投入、自有资金重点支持、各单位经营自筹和社会资助等综合配套筹措资金的模式。充分争取上级部门对农业科研单位的稳定支持力度，大幅度增加科技事业费，保障基本支出和人员经费等运行经费，避免出现“有钱打仗，无钱养兵”的现象；加大开发力度，开发净收入要预留一定额度的创新团队基金和人才基金，促进本单位人才队伍建设。

第二节　案例之二

——中国热带农业科学院离退休人员人力资源利用

2011 年 9 月 15 日，习近平同志在全国老干部工作先进集体和先进工作者表彰大会期间强调：广大老干部在长期革命、建设、改革实践中积累了丰富经验，具有不可替代的思想政治优势和领导经验优势，是一个可以从中汲取智慧和力量的宝库，在构建和谐社会中具有独特优势。党的“十八大”报告指出：要积极应对人口老龄化，大力发展老龄服务事业和产业。可见，在我国经济社会发展的速度明显赶不上人口高龄化的速度，未富先老的社会大形势下，如何切实做好离退休人员工作，特别是科学发挥好拥有较高知识文化水平和社会经验的离退休科技人员的作用，是构建和谐社会不可或缺的影响因素。本文以中国热带农业科学院离退休人员的工作实践为例，从人力资源开发利用的角度入手，提出新形势下农业科研单位进一步发挥离退休人员、特别是离退休科技人员作用的途径与措施。

一、人力资源与老年人力资源

人力资源是指人类自身生产为社会生产所提供的源源不断的劳动力人口，也称劳动力资源。人力资源表现在劳动力数量和质量两方面，劳动力的数量是人力资源贫富的表现，但劳动力质量的高低对人力资源的贫富起着更为重要的作用。

老年人力资源是指在一个国家或地区，已经达到退休年龄且身体健康，具备一定智力和技能，并且有愿望继续工作的人。农业科研单位的离退休人员是从事科研、教学、试验、管理的行家里手，掌握了技能技术的专家，不是普通的人力，而是一种老年人力资源。

二、离退休人员人力资源开发利用的必要性和重要性

（一）开发利用离退休人员人力资源的必要性

首先，离退休人员的自身条件决定了开发利用的可能性。随着科技的进步、医疗条件的改善和人民生活水平的普遍提高，老同志在离退休后身体状况普遍较好，很多退休人员，特别是退休不久的老同志有着健康的体魄和旺盛的经历，这使他们发挥自身余热成为可能。有资料显示：脑力劳动者的退休干部，他们威望高，有几十年的丰富经验和熟练的专业技能，60 岁退休后正是他们出成果的重要时期。

其次，老年人才有很多年轻人难以比拟的优势决定了开发利用的可行性。如时间相对自由充足、经济压力相对要小、具有社会参与的意识和奉献精神等。利用老年人力资源可以以较少的投入获得较大的回报，社会的发展也需要老年人能够将自己积累的经验、技术得到不断传承。

再次，自身的愿望和历史的需求也使离退休老同志发挥作用成为必然。自我价值的实现是人生最高层次的需要。广大离退休人员不但具有较高的专业技能，丰富的实践经验，更有一颗“春蚕到死丝方尽，蜡炬成灰泪始干”的报国之心，长期的革命实践中形成的人生观和对党的事业的责任感使他们想继续在自己熟悉的领域中奉献余热。

（二）开发利用离退休人员人力资源的重要性

建设社会主义和谐社会，需要调动各层次人民的积极性和创造性。离退休老同志是广大人民的重要组成部分，进一步发挥他们的作用，不仅是老同志自我实现的需要，更是人才建设与社会发展的需要。社会的发展需要老年人继续发挥价值，老年人口自身也具备发挥价值的基础，因此，应该建立促进离退休老同志发挥资源优势的机制，有效缓解目前人才紧缺的形势。

三、中国热带农业科学院离退休人员现状

中国热带农业科学院创建于 1954 年，主要从事橡胶、木薯、香蕉等热带作物的基础性研究。该院的离退休人员，多为中国热带农业科学院创业之初的开拓者，在没有任何工作基础的情况下，艰苦奋斗，攻克了天然橡胶北移种植生产技术问题，为世界天然橡胶事业的发展作出了杰出的贡献。他们具有不同寻常的经历、刻骨铭心的切实体会和难以忘怀的感想，将时刻激励和鞭策年轻科技人员与时俱进、开拓创新、光大我国热带农业事业。

截至 2013 年年底，中国热带农业科学院有在职职工 3 100多

人，其中，从事科研工作的有2 000多人，高级专业技术人员500多人；从表5－4可见，中国热带农业科学院离退休人员有以下几个特点：①离退休人员比重较大，全院共有退休人员2 776人，占全院职工人数的47%；②年龄相对年轻，70岁以下的占离退休人数的49.7%，80岁以下的中低龄退休人员占比88.2%；③离退休党员比重较大，全院共有离退休党员470人，占退休人员总人数的16.9%；④离退休干部占不少比重，共有干部489人，占17.6%，其中：副高、副处以上人员173人，占离退休干部的35.4%。综上所述，中国热带农业科学院离退休人员具有人数多、年龄轻、党员多、专家干部多的特点，他们政治坚定、经验丰富、有较深厚的知识底蕴和广泛的社会影响力，是热区农业事业发展中的一股不可代替的重要力量。

表5－4 2013年中国热带农业科学院离退休人员情况统计

按身份		按职称、职务		是否党员		按年龄	
身份	人数	职称	人数	党员	人数	年龄段	人数
干部	489	副高副处以上	173	党员	470	50～59岁	652
占比（%）	17.6	占比	6.2	占比	16.9	60～69岁	728
工人	2 287	其他科技人员	2 603	其他	2 306	70岁以上	1 068
占比（%）	82.4	占比	93.8	占比	83.1	80岁以上	328

四、中国热带农业科学院离退休人员人力资源开发利用的主要做法与几点建议

（一）加强离退休干部思想政治建设，夯实老年人力资源利用的社会基础

根据党员数量多的特点，中国热带农业科学院在院本级及各

院属单位成立离退休党支部，以党支部为载体，加强离退休党员思政教育，并积极引导、带领其他离退休人员发挥他们在中国热带农业科学院建设中的重要作用。

第一，加强离退休人员党支部建设。以党的基层组织建设带动其他各类基层组织建设，有针对性地开展一些老年党员活动，让退休老党员有归属感。比如，可组织老党员参观游览革命圣地和重大工业、工程项目等，激发他们参与的积极性，帮助他们与时俱进，使离退休党员进一步增强党性观念和树立健康向上的老年生活观。还可组织各类慰问，评选活动，从生活上解决离退休党员的实际困难。通过主动将离退休党员活动扎根于日常管理和服务之中，让离退休人员克服“退休即退岗”的思想，提高老党员继续搞科研的积极性，掀起在离退休老同志中发挥余热的热潮。

第二，保障离退休人员思想政治工作长效化，机制化。以离退休党支部为载体，通过离退休党员带动其他离退休人员，利用日常交流和有关活动，积极做好其他离退休人员的政治教育工作。具体做法可通过定期举办学习报告会、座谈会、开展读书小组活动等方式，使离退休人员及时了解党的路线方针政策和国家形势，在思想上和行动上自觉与院所保持高度一致。还可利用退休老党员文化底蕴深厚、专业素质较高的优势，开展特色活动，发挥离退休党员的余热，如：为有书法、绘画特长的老同志举办作品展，吸收离退休老专家参与科研课题研究、教材编写等科研工作。

（二）创建两级管理模式，构建人人参与模式

建立院所两级离退休人员管理模式。两级管理各司其职，院离退休管理处牵头部署全院离退休人员总体规划工作，而具体日常的如走访、团拜等工作由所里负责组织开展，构建全院人人参与的模式，以提高离退休老同志的归属感和幸福感。同时，坚持

组织引导和个人自愿相结合，鼓励和引导离退休老同志力所能及地发挥作用，积极探索适合老干部发挥作用的平台。

第一，中国热带农业科学院创造性地成立了院所两级离退休高级专家组，积极引导和鼓励专家组成员参与院所政策咨询、技术服务、专业指导、专题调研及建言献策，举办专题报告等方面工作，充分发挥他们在推动热带农业科技、“三农”事业发展中的作用。

第二，中国热带农业科学院重视发挥离退休老干部的传、帮、带作用。比如：充分调动离退休人员，整理出版各类专著，为后人留下无比珍贵与厚重的精神财富；开展院情院史教育活动，弘扬老一辈科研工作者吃苦耐劳、无私奉献的优良传统，培养青年科技人员爱岗敬业的精神；退休专家走进青年科技人员和学生中，结合自身的艰苦创业经历，手把手地向青年科技人员和学生传授良好的职业道德、业务技能和为人处世的方法。以上措施都有利于促使青年科技人员尽快成长起来，更好为中国热带农业科学院事业发展作出贡献。

第三，充分发挥离退休人员在建设和谐院所中的作用。中国热带农业科学院离退休人员数量多，占全院职工人数的47%。可以说，离退休工作做得好不好，直接关系到和谐院所建设的成功与否。许多老同志退下来之后时间上都较宽裕，同院区各方面接触的机会也更多，了解各方面情况更直接，在协助争创和谐院区、健全院区管理、协调利益矛盾、维护院区安定等方向具有丰富的经验和独特的优势。所以，要充分引导老同志力所能及地担当起院区治安的“联防员”、政策法规的“宣传员”、综合治理的“巡视员”、环境卫生的“清洁员”、环保绿化的“监督员”、院情民意的“信息员”、邻里关系的“调解员”等院区公共服务工作，发挥服务友邻、了解民情、反映民意、维护治安、调解矛盾、绿化环保等方面的作用，为构建和谐院区做出贡献。

（三）认真落实离退休人员的“两个待遇”，创造良好的老年人力资源利用氛围

市场经济体制改革触及了每个人的切身利益，按时足额发放离退休费、从优落实医疗、住房等福利待遇，共享经济社会发展、不断提升生活质量，成为离退休老同志最关注的问题。要开发利用好离退休老同志的人力资源，就要切实解决他们的生活待遇和政治待遇，创造良好的发挥作用的工作环境。

第一，健全离休费、医药费等保障支持机制。首先是确保离休费按时足额发放、离休干部医药费要按规定报销。针对离休干部整体进入高龄期和高发病期的“双高期”实际，进一步加强医疗保健和生活服务工作，加强健康体检和保健教育，稳妥推进中国热带农业科学院离休干部医药费委托海南省社会保险事业局单独建账、统筹管理工作。

第二，贯彻落实离退休人员生活待遇。按照国家和海南省相关政策规定，努力争取财政支持，确保离退休人员的离退休费和各项补贴能按时足额发放。在涉及离退休人员切身利益的改革时，特别是在调整住房、提高福利待遇等方面，积极研究制定相应的保障办法和措施。

第三，注重落实离退休人员的政治待遇。建立定期向老干部通报情况制度，一些重要政策尤其是关系老干部切身利益的政策，在出台前听取他们的意见和建议。建立重大节日走访慰问老同志的制度，及时送去党和单位对他们的关怀和温暖。建立定期研究老干部工作；领导干部亲自解决老干部工作中的问题；定期召开老干部工作会议；重大问题征求老干部意见；对口领导分工联系老干部等制度。

第四，营造离退休科技人员发挥作用的良好工作环境。对返聘作技术顾问的老专家，要力所能及地为他们提供试验场地，报销老专家下乡服务“三农”的路费，实验室无偿对老专家开放，

并积极为老专家配备青年助手，努力为离退休科技人员提供舒适的工作环境与和谐的人文环境，让他们舒心地开展工作。

（四）加强离退休人员服务管理工作

加强管理退休人员服务管理工作，首先要建设一支执行能力强，有活力有干劲的退休人员管理队伍，其次要能根据退休人员的年龄、文化水平等特点，并结合考虑他们的心理诉求、身心健康和自身愿望等需求，正确引导离退休人员发挥余热。

第一，完善制度。院属单位要把离退休人员工作纳入单位发展规划，制定离退休人员年度工作计划，明确目标任务，保障经费，狠抓落实，认真做好离退休人员服务管理工作，并把离退休人员工作纳入考核体系作为年度考核重要指标之一。

第二，个性化服务。要注意深入分析和了解掌握离退休人员情况，加强紧急救助、便老设施等方面的服务，加强人文关怀和精神慰藉。要创新关怀、帮扶困难机制和合理诉求快速反应机制，多为他们雪中送炭，帮助他们解决燃眉之急，对老同志的有关意见要快速办理或做好解释说明工作。

第三，强化硬件设施。加强离退休人员活动阵地等基础设施规划和建设。满足离退休人员精神文化需求，把老干部（离退休人员）活动中心、老年大学基础设施建设纳入发展规划和工作计划，同时加大投资力度。

第四，建立离退休人员人才库。创新离退休人员发挥作用的方式，工作人员应深入基层，全面掌握离退休人员的具体情况，将离退休人员的年龄、身体状况、专业特长、技能水平都详细登记上册，根据精力、专长、志趣等因素进行分类，建立完善离退休人员人才库。搭建离退休人员工作平台，并坚持自愿、量力而行的原则，分类组织引导。

参考文献

[1] 欧阳欢，方骥贤．农业科研机构人才强院战略［M］．北京：中国农业科学技术出版社，2013（第1版）：17－19.

[2] 崔凤玲．绩效管理不等于绩效考核［J］．黑龙江科技信息，2009（1）：81.

[3] 杨憑．谈事业单位人力资源管理与绩效考核［J］．科学之友，2009（2）：65.

[4] 赵晓杰．事业单位如何进行人力资源管理与绩效考核［J］．黑龙江科技信息，2009（5）：70.

[5] 安志刚．加强石油企业管理人员绩效考核［J］．合作经济与科技，2009（5）：42.

[6] 李蜜．破解医院管理人员绩效考核难题的探讨［J］．医疗管理，2008，5（15）：104－105.

[7] 夏惠明．加强绩效考核提高事业单位人力资源管理水平［J］．现代商业，2008（9）：189.

[8] 段学武．浅析人力资源管理中的人才流失［J］．经营与管理，2009（3）：49.

[9] 刘小昌．浅析专业技术人才流失与管理［J］．科技经济市场，2009（4）：101－102.

[10] 陈敦方．关于知识技术型人才流失的成因及对策思考［J］．江汉石油职工大学学报，2008（1）：67.

[11] 吴培冠，高永端，张璐斐．组织行为学精要［M］．机械工业出版社，2010（第7版）：156.

[12] 吴湘玲，高红岩．科研单位领导的非职权影响力探析[J]．科技进步与对策，2000（10）：79－80.
[13] 楼军江．注重高校领导干部的领导魅力［J］．干部修养，2011（1）：51－52.
[14] 邢后银．关于农业科研单位领导艺术的几点探讨［J］．南京农专学报，2001（2）：78.
[15] 严进，付琛，郑枚．组织中上下级值得信任的行为研究[J]．管理评论，2011（2）：103.
[16] 李茜．破除企业内部上下级关系“潜规则”［J］．人力资源，2010（4）：22－25.
[17] 郑伯壎．企业组织中上下属的信任关系［J］．社会学研究，1999，23（2）：22－27.
[18] 刘力．领导干部能力提升重在培训［J］．中国石油企业，2011（Z1）：106.
[19] 刘彧彧，黄小科．基于上下级关系的沟通开放性对组织承诺的影响研究［J］．管理学报，2011（3）：417－419.
[20] 潘墨涛．消除上下级关系疏离状态的策略选择［J］．领导科学，2012（11）：14.
[21] 丁静．国际旅游岛建设两年来人才事业迈出坚实脚步，人才队伍建设暖风劲吹［N］．海南日报，2012－2－8（1）.
[22] 王建明．发达国家农业科研与推广模式及启示［J］．农业科技管理，2010（2）：51.
[23] 杨曙辉，宋天庆．农业科技人才队伍建设若干热点问题探析［J］．农业科技管理，2010（3）：91－92.
[24] R. D. Frager and J. Fadiman（eds.）. A. H. Maslow，Motivation and Personality［M］. permission of Permission of Education，Inc，Upper Saddle River，New Jersey，1977（3）：24－35.
[25] 侯光明．人力资源管理［M］．北京：高等教育出版社，

2009（第1版）：176－178.
[26] 徐颂陶．中国人事制度改革［M］．中国人事出版社，2008（第1版）：79.
[27] 尚爱华，刘章起．建立非营利性科研机构绩效评价指标体［J］．中国人才，2008（9）：64－65.
[28] 胡德仁，赵定国．我国农业科研人员现状与发展刍议［J］．农业图书情报学刊，1995（2）：19－20.
[29] 中华人民共和国国家统计局．中国统计年鉴2010［M］．北京：中国统计出版社，2010（第1版）：155－200.
[30] 王春霞．基层农业技术人才队伍建设存在的问题与应对措施［J］．现代农业科技，2010（8）：377－378.
[31] 中华人民共和国农业部人事劳动司．韩长赋部长在全国农业农村人才工作会议上的讲话［EB/OL］，（2011－05－06）［2013－10－22］．http：//www.moa.gov.cn/sjzz/rss/zhuanlan/nyrcdwjs/201105/t20110506_1987363.htm.
[32] 崔贵芹，王健．荷兰农业产业化经营对我国农业发展的借鉴［J］．商场现代化，2007（9）：26－27.
[33] 魏勤芳．美国农业科技体系及运行机制［J］．中国农业科技导报，2002（2）：34－37.
[34] 刘娅．若干国家支持农业科技创新的共性特征及启示［J］．世界科技研究与发展，2006（4）：102－107.
[35] 李艳华．美国农业技术创新体系建设及对中国的启示［J］．世界农业，2009（4）：18－20.
[36] 辛艳伟．美国科研评估体系对我国科研管理的借鉴［J］．农业科技管理，2009（4）：92－94.
[37] 郭久荣．以色列农业科技创新体系及对中国农业科技发展的启迪作用［J］．世界农业，2006（7）：39－42.
[38] 姜铁民，李宁．科技、教育在以色列的地位［J］．国际人

才交流，2004（2）：28－31.

[39] 郑风田．巴西农业为什么创造了奇迹［J］．农村工作通讯，2011（8）：62－63.

[40] 习近平．在全国老干部工作先进集体和先进工作者表彰大会上的讲话．http：//news. xinhuanet. com/politics/2011－09/15/c_ 122040839. htm.

[41] 中华人民共和国国家卫生和计划生育委员会．全国 26 省份进入老龄化社会 65 岁及以上人口超过 7%［EB/OL］．（2011－8－22）［2013－3－28］http：//www. Chinapop. gov. cn/xwzx/rkxw/201108/t20110822_ 369995. htm.

[42] 向洪，张文贤，李开兴．人口科学大辞典［M］．成都科技大学出版社，1994：87.

[43] 胡泊．试论老年人力资源的开发与利用［J］．劳动保障世界，2008（4）：35－37.

[44] 王会欣．离退休老干部发挥作用探讨［J］．今日科苑-献言献策，2012（10）：86－88.

[45] 赵世坤．试论科技耆才开发［J］．云南科技管理，2006（6）：62－64.

[46] 何康．艰苦创业的壮丽诗篇［M］．山野崛伟业，2012：1－5.

[47] 程振凯．发挥离退休老同志作用努力构建和谐校园［J］．河南工业大学学报（社会科学版），2012（2）：137－140.

[48] 王会刚．浅析离退休干部思想政治建设工作［J］．南昌教育学院学报，2012（6）：28－30.

[49] 杨宗虎．山东省离退休干部人力资源开发研究，山东省农业管理干部学院学报，2012（2）：98－100.

[50] 侯光明．人力资源管理［M］．北京：高等教育出版社，2009（第 1 版）：27－30.